C.H.BECK WISSEN

in der Beck'schen Reihe

Sie sind klein, zahlreich und überaus erfolgreich. Ihr geradezu sprichwörtlicher Fleiß, ihre genial anmutenden Überlebenstechniken und ihr perfekt aufeinander eingespieltes Zusammenleben lassen rasch vergessen, dass es sich hierbei „nur" um Insekten handelt. Ameisen faszinieren den Menschen seit jeher und in ganz besonderer Weise. Die anschauliche Beschreibung dieser Tiere und die leicht verständlichen Erläuterungen ihrer erstaunlichen Fähigkeiten in diesem Buch machen deutlich, worin die besondere Anziehungskraft dieser Tiere besteht.

Prof. Dr. rer. nat. *Walter Kirchner* ist Biologe und vertrat zuletzt den Bereich Insektenkunde in Lehre und Forschung an der Technischen Hochschule Aachen (RWTH).

Walter Kirchner

DIE AMEISEN

Biologie und Verhalten

Verlag C.H.Beck

Mit 16 Abbildungen

Meinen ehemaligen Studierenden,
die für die Natur begeistern zu dürfen
zu den großen Geschenken
meines Lebens zählte

Die Deutsche Bibliothek – CIP-Einheitsaufnahme

Kirchner, Walter:
Die Ameisen : Biologie und Verhalten / Walter
Kirchner. – Orig.-Ausg. – München : Beck, 2001
(C. H. Beck Wissen in der Beck'schen Reihe ; 2152)
ISBN 3 406 44752 X

Originalausgabe
ISBN 3 406 44752 X

Umschlagentwurf von Uwe Göbel, München

Satz: Fotosatz Amann, Aichstetten
Druck und Bindung: Druckerei C.H. Beck, Nördlingen
Printed in Germany

www.beck.de

Inhalt

I. Die soziale Prägung der Ameisen: Kein Leben für Einzelgänger

1. Der Ameisenstaat – nicht nur eine Wohngemeinschaft

Ameisen – mit diesem Wort verbindet sich bei sehr vielen Menschen die Vorstellung von einem Gewimmel kleiner, geschäftig umherlaufender Insekten, die im Garten, im Haus oder auch bei der Rast auf einer Wiese sehr lästig werden können. Die Ungewissheit, ob diese aufdringlichen Sechsbeiner vielleicht beißen oder stechen, und ihr als unangenehm empfundenes Krabbeln auf der menschlichen Haut sind Anlaß genug, zu diesen Tieren körperlich und gefühlsmäßig „auf Distanz zu gehen".

So einseitig dieses Image sein mag – das „Gewimmel" zumindest entspricht der Realität recht gut: Ameisen trifft man immer in Gesellschaft von Artgenossen an. Ameisen sind „soziale" Insekten, die nicht solitär (d.h. als „Einsiedler"), sondern in einer Gemeinschaft leben, die wir als „Volk" oder „Staat" bezeichnen. Wie sehr Ameisen auf das Zusammenleben mit anderen angewiesen sind, zeigt ein einfacher Versuch: Fängt man ein einzelnes Tier und hält es *isoliert* in einem Kunstnest bei optimalen Lebensbedingungen (ausreichender und ausgewogener Ernährung, zusagender Temperatur und Luftfeuchtigkeit usw.), wird die Ameise nach relativ kurzer Zeit (manchmal schon nach wenigen Tagen) tot sein. Hält man dagegen dasselbe Tier *zusammen mit seinem Volk* bei geeigneten Lebensbedingungen in Gefangenschaft, kann es eine Lebensdauer von einem Jahr oder mehr erreichen.

Das geschilderte Experiment zeigt eine wichtige Eigenschaft der Ameisen: Das Einzeltier ist außerhalb seines Volkes nicht über längere Dauer lebensfähig. Dies unterscheidet die Gemeinschaften der Ameisen von Insektenansammlungen, die dadurch zustande kommen, dass die Gunst eines Ortes zu Konzentrationen von Artgenossen (Fress-, Schlaf-, Überwinterungsgemeinschaften u.ä.) führt. Solche Gruppierungen bieten den daran beteiligten Individuen meist gewisse Vorteile, z.B. beim Nahrungserwerb oder der Feindabwehr; sie sind jedoch zeitlich begrenzt und offen (d.h., sie erlauben jederzeit ein Zu- oder Abwandern von Individuen). Die Mitglieder solcher Gruppierungen können auch außerhalb der Vergesellschaftung überleben.

Worin unterscheiden sich nun die Staaten der Ameisen von Insektenansammlungen der oben beschriebenen Art? Zunächst einmal – das wurde bereits deutlich hervorgehoben – durch die Tatsache, *dass die Einzeltiere ohne die Gemeinschaft nicht lebensfähig sind.* Zum zweiten aber auch dadurch, dass die Angehörigen des Staates etwas zu einseitigem oder gegenseitigem Nutzen *füreinander* tun – und *nicht nur miteinander* (das Wort *„sozial"* hat ja auch im Hinblick auf den Menschen genau diese Bedeutung).

Ein gut funktionierendes Zusammenleben setzt allerdings noch etwas anderes voraus: die Mitglieder der Gemeinschaft dürfen nicht alle dasselbe tun, sondern es muss *Arbeitsteilung* herrschen. Elementarster Ausdruck dieser Arbeitsteilung ist im Ameisenstaat die Trennung von Reproduktion und sonstigen Arbeitsleistungen (Nahrungseintrag, Brutpflege, Nestbau, Verteidigung usw.): für erstere sind voll fruchtbare Individuen, die männlichen und weiblichen Geschlechtstiere, zuständig, für letztere die Arbeitstiere, d.h. sterile weibliche Individuen („Arbeiterinnen"). Diese sind nicht nur funktionell, sondern auch gestaltlich von den Geschlechtstieren mehr oder weniger deutlich unterschieden.

An dieser Stelle muss ein Aspekt vertieft werden, der für die Anwendung des Begriffes „Insektenstaat" von grundsätzlicher Bedeutung ist: *die gemeinsame Brutpflege.* Insektenstaaten setzen sich nicht – wie der Menschenstaat – aus einer Vielzahl von Grundeinheiten („Familien") zusammen, von denen jede (zumindest in der Regel) ihre eigenen Nachkommen versorgt und großzieht. Ein Insektenstaat ist – vermenschlicht ausgedrückt – eine einzige Großfamilie, in der die Aufzucht der Nachkommen uneigennützig und in Kooperation durch diejenigen Familienmitglieder erfolgt, die aufgrund ihrer nur schwach ausgebildeten Eierstöcke keine eigenen Nachkommen haben.

Noch ein weiteres Kennzeichen unterscheidet den Ameisenstaat von Massenansammlungen solitärer Insekten: Die Angehörigen des Volkes sind verschieden alt; oder anders ausgedrückt: *verschiedene Generationen überlappen sich*. Dies verleiht den Gemeinschaften der Ameisen Kontinuität und ist eine wichtige Voraussetzung für den bei manchen Arten einige Jahrzehnte währenden Fortbestand eines Volkes.

Fassen wir zusammen: Ameisenstaaten sind Gemeinschaften (Sozietäten),

- deren Mitglieder als Einzeltiere nicht überlebensfähig sind;
- in denen die Individuen nicht nur etwas miteinander, sondern *füreinander* tun;
- in denen eine reproduktive Arbeitsteilung verwirklicht ist: die *Erzeugung der Nachkommen* obliegt den voll fruchtbaren männlichen und weiblichen „Geschlechtstieren", die *Pflege und Aufzucht der Jungtiere* dagegen sterilen „Arbeiterinnen", die auch die übrigen Arbeitsleistungen für das Volk erbringen und sich gestaltlich von den Geschlechtstieren unterscheiden;
- in denen mindestens zwei Generationen zusammenleben.

Insektenarten, welche diese hochentwickelte Stufe des Zusammenlebens erreicht haben, werden als *„eusozial" bzw. „staatenbildend"* bezeichnet. Außer bei den Ameisen gibt es die Bildung von echten Staaten noch bei den Honigbienen, den Stachellosen Bienen, den Hummeln und Faltenwespen sowie bei allen Termitenarten. Insgesamt sind es rund 20 000 heute bekannte Insektenarten, welche in Gemeinschaften der oben beschriebenen Art leben.

2. Wie der Ameisenstaat entstanden sein könnte

Es gibt bei Ameisen keine Arten, welche die Stufe des echten Staates noch nicht erreicht haben. Insofern fehlt es an Vorstufen, die uns Hinweise geben könnten, wie die Evolution dieser hoch entwickelten Lebensgemeinschaften abgelaufen sein könnte. Etwas hilfreicher ist hier ein Blick auf Insektengruppen, die den Ameisen verwandt sind. Ameisen sind – zoologisch gesehen –

Hautflügler (Hymenoptera); zu dieser Insektenordnung gehören auch die Bienen, Wespen und Hummeln. Speziell unter den Bienenartigen gibt es viele Arten, die mehr oder weniger hoch entwickelte Gemeinschaften bilden.

Vergleicht man diese Gemeinschaften, darf wohl als gesichert angenommen werden, dass die *Brutpflege* am Anfang der Evolution der eusozialen Lebensweise stand. Brutpflege ist im Insektenreich keineswegs eine Selbstverständlichkeit: für die Weibchen sehr vieler Arten ist die Fürsorge für ihre Nachkommen mit der Eiablage beendet. Daneben gibt es jedoch eine nicht unbeträchtliche Zahl von Arten, bei denen sich die Weibchen auch noch nach dem Schlüpfen der Jungtiere aus den Eiern um ihre Nachkommen kümmern, etwa indem sie diese fortlaufend mit frischer Nahrung versorgen.

Solche „Mutter-Kind-Beziehungen" sind ohne Zweifel schon eine primitive Form sozialen Zusammenlebens und verbessern die Überlebenschancen der Jugendstadien. Die nächste Stufe der Vergesellschaftung besteht wohl darin, dass einige Weibchen derselben Art ein gemeinsames Nest anlegen, in dem sie ihre Nachkommen großziehen – wobei allerdings jede Mutter nur ihre eigenen „Kinder" betreut und versorgt (*kommunale Arten*). Wieder einen Schritt weiter gehen solche Arten, bei denen das gemeinsame Wohnen auch mit einer *gemeinsamen Brutversorgung* gekoppelt ist (*quasisoziale Arten*). Auf der nächsthöheren Stufe der Vergesellschaftung erfolgt dann ein sehr entscheidender Schritt auf dem Weg zum Insektenstaat: nicht mehr alle Weibchen einer Gemeinschaft legen Eier, sondern nur noch bestimmte Individuen, während andere sich nur um die Brutpflege und die damit zusammenhängenden Arbeiten kümmern; damit ist bereits die reproduktive Arbeitsteilung verwirklicht (*semisoziale Arten*). Der letzte Schritt zum echten Insektenstaat ist dann getan, wenn eine solche Gemeinschaft nicht nur für die Dauer einer Generation besteht, sondern mindestens zwei Generationen überlappen (*eusoziale Arten*). Beispiele für alle hier genannten Vorstufen des eusozialen Zusammenlebens findet man u. a. bei den Furchenbienen.

3. Zusammensetzung und Größe von Ameisenvölkern

Der Naturfreund, der mit Interesse das Gewimmel auf der Kuppel eines Waldameisennestes betrachtet, wird rasch feststellen, dass die Ameisen, die auf der Oberfläche oder in der Umgebung des Nestes umherlaufen, von gewissen Größenvariationen abgesehen recht gleichartig aussehen. Dies ist verständlich, denn die Individuen, die der Betrachter ohne Eingriff in das Nest zu sehen bekommt, sind ausschließlich *Arbeiterinnen*. Sie bilden die große Masse des Volkes.

Die Arbeitstiere sind die i. d. R. sterilen Töchter einer oder mehrerer fruchtbarer, eierlegender Mütter, der *Königinnen*. Bei vielen Ameisenarten (z. B. der Schwarzgrauen Wegameise *Lasius niger*) gibt es nur eine einzige Königin („Monogynie"), bei anderen (z. B. der Rossameise *Camponotus*) finden sich einige wenige Königinnen („Oligogynie") und bei wieder anderen (z. B. der Kahlrückigen Waldameise *Formica polyctena*) eine größere Zahl (einige hundert bis einige tausend) Königinnen („Polygynie"). Soweit bisher bekannt, scheint rund die Hälfte der Ameisenarten polygyn zu sein. Bei manchen Ameisenarten gibt es sowohl monogyne wie polygyne Völker. Die Königinnen halten sich im Innern des Nestes – oft in schwer zugänglichen Kammern – auf und sind nur bei besonderen Anlässen (etwa bei einem Nestplatzwechsel) außerhalb des Wohnbaues anzutreffen.

Ameisenvölker sind also Großfamilien aus einer oder mehreren begatteten Stammmüttern und einer bei den einzelnen Ameisenarten sehr unterschiedlich großen Zahl von Arbeiterinnen. Daneben treten zu bestimmten Zeiten auch *männliche Geschlechtstiere* („*Männchen*") und *geflügelte weibliche Geschlechtstiere* (*Jungköniginnen*) auf. Beide sind nur vorübergehend Bestandteile des Ameisenstaates, da sie zum Zeitpunkt des Hochzeitsfluges das Nest verlassen. Bei Ameisenarten mit individuenreichen Völkern kann die Zahl der geflügelten Geschlechtstiere beträchtlich sein und den Wert von einigen Zehntausend erreichen (z. B. bei den Waldameisen).

Zu einem Ameisenvolk gehören selbstverständlich nicht nur die adulten (= erwachsenen) Tiere, sondern auch die verschiedenen *Jugendstadien (Eier, Larven, Puppen).* Diese mit einem Sammelbegriff auch als „Brut“ bezeichneten Entwicklungsstadien finden sich in den gemäßigten Klimazonen vielfach nur während der Aktivitätsperiode (Frühjahr bis Herbst) im Ameisenvolk (Beispiel: Waldameisen), sie können dort aber auch überwintern (Weg-, Knotenameisen). In den Tropen ist eine Bindung der Brutaufzucht an bestimmte Jahreszeiten aus klimatischen Gründen weniger ausgeprägt. Große Ameisenvölker enthalten viele Tausende Eier, Larven und Puppen, denn nur durch eine große Zahl an Nachkommen lassen sich die sterblichkeitsbedingten Ausfälle bei den erwachsenen Tieren ausgleichen.

Fassen wir zusammen:
In einem Ameisenvolk finden sich
dauernd:
- eine oder mehrere begattete, eierlegende Königinnen
- eine mehr oder weniger große Zahl unfruchtbarer Arbeiterinnen

zeitweise:
- männliche und noch unbegattete weibliche Geschlechtstiere
- Eier, Larven und Puppen.

Manche Ameisenvölker sind so individuenarm, dass es schwerfällt, den Begriff „Staat“ auf diese Kleinst-Gemeinschaften anzuwenden – vor allem dann, wenn zu einem Volk nur ein bis einige Dutzend adulter Tiere gehören. In Mitteleuropa sind die Schmalbrustameisen gute Beispiele für „Kleinstaaten“: in ihren Völkern leben maximal 200 Individuen.

Die Volksstärke sehr vieler Ameisenarten liegt bei einigen hundert bis einigen tausend Individuen (viele unserer heimischen Knoten- und Wegameisenarten). Seltener sind schon Arten, deren Volksgröße bei einigen 10 000 oder sogar einigen 100 000 Individuen liegt (in Mitteleuropa: verschiedene Waldameisenarten).

Weltweit betrachtet findet man die größten Ameisenstaaten bei einer in Afrika beheimateten Treiberameisenart (*Dorylus wilverthi*), deren umherwandernde Völker die geradezu unglaubliche Individuenzahl von bis zu 22 Millionen (!) erreichen können (zum Vergleich: in den Niederlanden leben 14,9 Millionen Menschen).

4. Nestverbände

Die bisherigen Ausführungen mögen den Eindruck erweckt haben, ein Ameisenvolk sei eine nach außen scharf abgegrenzte Gemeinschaft oder anders gesagt: eine „geschlossene Gesellschaft". Diese Vorstellung trifft sicher nicht für alle Ameisenarten zu. Insbesondere Arten mit vielen Königinnen neigen bei einem Überschuß an fertilen Weibchen dazu, sich in kleinere, lebensfähige Kolonien aufzuspalten („Soziotomie"): Die dabei entstehenden Tochter-Völker können – vor allem wenn sie eng benachbart siedeln – untereinander in Kontakt bleiben, indem sie Futter, eventuell sogar Arbeiterinnen, Brut und Königinnen austauschen. Speziell in der Anfangsphase einer solchen Aufspaltung ist es nicht ganz einfach zu entscheiden, ob hier zwei schon autonome Völker oder zwei „Filialen" derselben Kolonie vorliegen.

Die fortwährende Aufspaltung polygyner Völker kann im Verlauf von Jahrzehnten zu ausgedehnten Nestverbänden führen, die Dutzende, u. U. Hunderte von Nestern umfassen. Diese Siedlungsweise gibt es bei verschiedenen Arten. Ein bekanntes Beispiel in unserer heimischen Fauna sind die Waldameisen, deren Nester oft in Vielzahl und in manchmal enger Folge am Rande von Waldwegen und Bestandesrändern anzutreffen sind. Gerade aus der Gattung *Formica*, zu der die Waldmeisen gehören, sind Mammut-Nestverbände bekannt geworden; den bisherigen Weltrekord hält eine Superkolonie von *Formica yessensis* auf Hokkaido; dort siedeln rund 45 000 Nester auf einer Fläche von 2,7 km^2; in diesen Nestern leben insgesamt schätzungsweise 300 Millionen Arbeiterinnen und 1 Million Königinnen!

II. Gestalt und Körperbau

1. Woran erkennt man eine Ameise?

Ameisen werden auch von zoologischen Laien mit einer hohen Treffsicherheit als solche erkannt – zumindest bei uns in Mitteleuropa. Dies liegt vor allem an einigen Merkmalen, die für Ameisen typisch sind: Die Arbeiterinnen besitzen *keine Flügel*, sie haben einen für Insekten *ungewöhnlich schmalen Mittelabschnitt des Körpers*, der mit der hintersten Körperregion durch ein dünnes *Hinterleibsstielchen* verbunden ist, sie sind *im allgemeinen klein* und man trifft sie im Gelände meist *zu mehreren* an.

Um mit der *Flügellosigkeit* zu beginnen: Sie ist – wenn man von den Jugendstadien absieht – bei höherentwickelten Insekten, zu denen die Ameisen gehören, ausgesprochen selten und kommt hier vorzugsweise bei Parasiten vor. Die *Flügellosigkeit ist ein typisches Kennzeichen der Ameisenarbeiterinnen.* Die Männchen und die noch nicht begatteten Jungköniginnen verfügen bei fast allen Arten über vier häutige Flügel, weshalb die Ameisen von den Zoologen zu den Hautflüglern gestellt werden, einer Insektenordnung, zu der auch die Bienen und Wespen gehören.

Das zweite eingangs erwähnte Merkmal der Ameisenarbeiterinnen, *der schmale Mittelabschnitt des Körpers*, hängt eng mit der Flügellosigkeit zusammen: Die bei flugfähigen Insekten kräftig ausgebildete Flugmuskulatur fehlt bei den Arbeiterinnen und benötigt daher auch keinen Platz in der Brustregion, weshalb diese sehr viel schlanker ausfällt als bei den flugfähigen Geschlechtstieren der Ameisen (vgl. Abb. 1).

Das *Hinterleibsstielchen,* das aus ein oder zwei Segmenten bestehen kann, ermöglicht eine extreme Beweglichkeit des Hinterleibs. Dieser kann nach unten abgebogen werden, z. B. beim gezielten Verspritzen von Wehrsekreten; er kann aber auch fast senkrecht nach oben gerichtet werden – eine Haltung, die manche Ameisen bei der Abgabe von Duftstoffen einnehmen („Sterzeln"). Nicht zuletzt erleichtert die Abbiegbarkeit des Hinter-

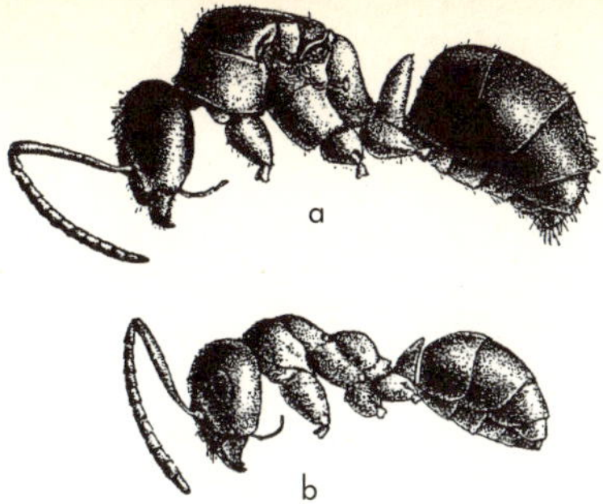

Abb. 1: Gestalt- und Größenunterschiede zwischen den beiden weiblichen Kasten bei der Blutroten Raubameise (*Formica sanguinea*). a) entflügelte Königin und b) Arbeiterin (aus Wilson 1971, verändert)

leibs die Reinigung dieser Körperregion mit Hilfe der Mundwerkzeuge.

Die meisten Ameisen weisen nur eine *geringe Körpergröße* auf. Die Körperlänge unserer heimischen Arten geht nur in wenigen Fällen über 1 cm hinaus, aber auch weltweit betrachtet bleibt sie meist unter 15 mm. Es gibt jedoch – auf den Durchschnitt der Arten bezogen – einige „Übergrößen": Die Arbeiterinnen der in der neotropischen Region beheimateten Ameise *Dinoponera grandis* (wer dächte bei diesem Namen nicht an die Dinosaurier!) werden bis zu 3 cm groß, die eierlegenden Königinnen der Treiberameise *Dorylus* sogar bis 8 cm (was leicht zu verstehen ist, wenn man sich vergegenwärtigt, wie viele Nachkommen in einem Ameisenvolk von bis zu 20 Millionen Individuen benötigt werden). Den erwähnten wenigen Riesen steht ein unüberschaubares Heer von Winzlingen gegenüber: die kleinste deutsche Ameisenart, die Diebsameise, wird z. B. nur 1,5–2 mm groß!

Kleinheit ist offensichtlich eine Eigenschaft, die sich im Ameisenstaat bewährt hat und von der Evolution gefördert wurde – wohl vor allem im Hinblick auf den Nestbau: Kleine Ameisen haben einen geringeren Platzbedarf und können auch an Standorten mit eingeschränktem Raumangebot nisten. Kleine

Nester sind im Übrigen weniger auffällig und erfordern weniger Arbeit bei der Anlage der Nestkammern und -gänge im Boden oder im Holz.

2. Variationen der Ameisengestalt

Es gibt auf unserer Erde zwischen 9000 und 9500 bekannte Ameisenarten; jährlich werden neue entdeckt (vor allem in den Tropenwäldern) und beschrieben. Nach Hochrechnungen dürfte die tatsächliche Artenzahl bei mindestens 12 000 liegen.

Dieser beeindruckenden Artenfülle entspricht eine ebensolche Vielfalt an Gestaltausprägungen, die aber durchwegs – mehr oder minder ausgeprägt – die Grundmerkmale erkennen lassen, die im vorausgegangenen Kapitel beschrieben wurden. Natürlich sieht nicht jede Ameisenart völlig anders aus als ihre Verwandten – im Gegenteil: Es gibt Ameisenarten, die einander so ähnlich sind, dass nur das fachkundige Auge des Ameisenspezialisten feine Unterschiede zu erkennen vermag – und auch das manchmal nur mit Hilfe einer leistungsfähigen Stereolupe oder gar eines Mikroskopes. Die Abgrenzung zweier nah verwandter Arten kann z. B. anhand einer geringfügig anderen Krümmung des Fühlerschaftes oder einiger Borsten oder der Zahl und Form der Zähnchen auf den Oberkiefern erfolgen – und das bei Arten, die zuweilen nur 2–3 mm groß sind! Manchmal müssen auch zwei winzige Strukturen am Kopf oder sonstwo vermessen und deren Größenrelation errechnet werden. Die Bestimmung von Ameisen ist meist eine recht unerfreuliche Kniefieselei und manchmal im wahrsten Sinne des Wortes eine „haarige" Angelegenheit!

Wie kommt die ungeheuere Gestaltenfülle der Ameisen zustande? Es gibt in dieser Insektengruppe fast kein Gestaltmerkmal, das nicht in irgendeiner Form abgewandelt werden kann. Die Variationsmöglichkeiten betreffen z. B. die *Körpergröße*, die *Färbung* (schwarz / grau / braun / rötlich / gelb oder Übergänge zwischen diesen Grundtönen; einfarbig / mehrfarbig), die *Kopfform und -größe*, die *Größenrelationen verschiedener Körperabschnitte zueinander*, die *Gestaltung des Hinterleibsstielchens*

(z. B. eingliedrig / zweigliedrig; schuppenförmig / knotenförmig), die *Skulptur der Körperdecke* (Rillen, Leisten, Grübchen, punktförmige Erhebungen, Dornen usw.), die *Behaarung* (kurz / lang; anliegend / abstehend; fehlend / spärlich / dicht; Form der Haare usw.), die Form und Gliederzahl der *Fühler*, die *Größe und Form der Oberkiefer*, das *Fehlen oder Vorhandensein bestimmter Organe* (z. B. Giftstachel, Stirnaugen), *Form und Größe der Augen* – und vieles andere mehr!

Aufgrund der gestaltlichen Unterschiede kann man bei den Ameisen – wenn man die im Laufe der Erdgeschichte ausgestorbenen Arten ausklammert – 16 Unterfamilien unterscheiden, von denen vier in Deutschland vertreten sind: die Stachelameisen (Ponerinae), die Drüsenameisen (Dolichoderinae), die Knotenameisen (Myrmicinae) und die Schuppenameisen (Formicinae).

Noch zwei vielleicht interessierende Zahlen seien hier genannt: In Deutschland hat man bisher rund 110, in Mitteleuropa etwa 160 Ameisenarten nachgewiesen (einige davon sind allerdings keine bodenständigen Arten, sondern eingeschleppte und z. T. recht unangenehme Neuankömmlinge wie z. B. die Pharaoameise).

3. Unterschiedliche Gestaltausprägungen innerhalb derselben Art

Wie bereits erläutert finden sich in Ameisenstaaten zwei verschiedene Arten von weiblichen Tieren: die Königinnen („Gynomorphe") und Arbeiterinnen („Ergatomorphe"). Beide Tierformen unterscheiden sich in einer Reihe von Merkmalen:

- *Körpergröße:* Die Königinnen sind in der Regel größer als die Arbeiterinnen (vgl. Abb. 1); bei primitiven Arten ist der Größenunterschied allerdings nur gering.
- *Flügel:* Junge Königinnen haben – außer bei ganz wenigen Arten – zunächst Flügel, die allerdings nach der Begattung abgeworfen werden. Arbeiterinnen sind dagegen zeitlebens flügellos.
- *Eierstöcke:* Diese sind bei den Königinnen voll funktionsfähig und stark entwickelt; im äußeren Erscheinungsbild ist

dies sichtbar an dem im Vergleich zur Arbeiterin größeren Hinterleib. Die Eierstöcke der Arbeiterinnen sind deutlich schwächer ausgebildet; sie setzen sich aus einer wesentlich geringeren Zahl von Eischläuchen zusammen und degenerieren vielfach nach einer gewissen Zeit. Arbeitstiere mit zurückgebildeten Eierstöcken sind nicht zur Eiablage fähig.

- *Ausbildung des Gehirns:* Da die Arbeiterinnen im Gemeinschaftsleben eine Vielzahl von Aufgaben zu erfüllen haben, verwundert es nicht, dass bei ihnen bestimmte Gehirnbereiche – speziell jene, die für das Sozialleben bedeutsam sind – eine stärkere Entwicklung zeigen als bei der Königin, die „nur" reproduktive Funktionen hat.

Diese und noch eine Reihe weiterer morphologischer Unterschiede verdeutlichen, dass Arbeiterin und Königin zwei gut gegeneinander abgrenzbare Gestaltausprägungen innerhalb desselben Geschlechtes sind; sie werden im wissenschaftlichen Sprachgebrauch als *Kasten* bezeichnet. Das Phänomen, dass innerhalb einer Art gestaltlich differierende Erscheinungsformen auftreten können, bezeichnet man als *Polymorphismus* (= Vielgestaltigkeit); dieser ist ein wichtiges Merkmal von Insektenstaaten.

Nicht selten erfährt der Polymorphismus noch eine zusätzliche Ausprägung *innerhalb der Arbeiterkaste.* So gibt es bei manchen Ameisenarten Arbeiterinnen ganz unterschiedlicher Körperlänge; auch die Kopfform und -größe kann innerhalb einer Art sehr unterschiedlich ausfallen. Meist ist mit einer bestimmten Gestaltausprägung auch die Ausübung einer speziellen Tätigkeit verbunden. „Großkopfige" Arbeiterinnen z. B. sind – nicht zuletzt wegen ihrer besonders kräftig entwickelten Oberkiefer – sehr leistungsfähige Kämpfer und werden daher als „Soldaten" bezeichnet (im Hinblick auf das weibliche Geschlecht dieser Tiere wäre „Soldat*innen*" biologisch richtiger!).

Wir halten fest: Im weiblichen Geschlecht kommt es bei den Ameisen nicht nur zur Bildung zweier hinsichtlich Gestalt und Funktion unterschiedlicher *Kasten*, sondern darüber hinaus auch noch (bei manchen Arten) zu einer zusätzlichen morphologischen Differenzierung in sog. *Unterkasten.*

Abschließend sei noch eine letzte Spielart des Polymorphismus kurz erwähnt: das Auftreten von sog. *Intermorphen.* Bei diesen handelt sich um gelegentlich auftretende Zwischenformen zwischen Arbeiterinnen und Königinnen.

4. Der Körper der Ameisen und seine „Extras"

Bei den folgenden Betrachtungen sollen vorzugsweise solche Besonderheiten des Körperbaues beleuchtet werden, die eine Beziehung zur Lebensweise der Ameisen, speziell zum Sozialleben zeigen.

- Die *Körperdecke* der Ameisen zeigt im Bereich des Hinterleibs eine große Dehnbarkeit. Sie besteht aus festen, sich überlappenden (Rücken- und Bauch-)Platten, die durch elastische Häute miteinander verbunden sind und in erstaunlichem Maße auseinanderweichen können, wenn im Hinterleib mehr Platz gebraucht wird: z. B. für die Speicherung von aufgenommener Nahrung oder beim Heranwachsen der Eierstöcke (Abb. 2).
- Die *Beine* tragen am letzten Fußglied *zwei Krallen* und dazwischen einen *Haftapparat.* Erstere ermöglichen einen sicheren Halt; wenn sich die Ameise auf rauem Untergrund (Baumrinde

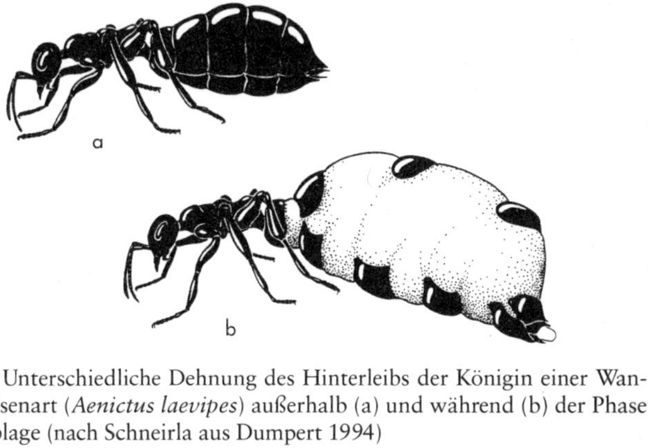

Abb. 2: Unterschiedliche Dehnung des Hinterleibs der Königin einer Wanderameisenart (*Aenictus laevipes*) außerhalb (a) und während (b) der Phase der Eiablage (nach Schneirla aus Dumpert 1994)

z. B.) fortbewegt; letzterer verhindert ein Abrutschen an glatten Flächen, etwa an Blättern. Wie wirksam der Haftapparat ist, zeigt sich daran, dass Ameisen mühelos an senkrechten Glasscheiben, ja sogar an der Unterseite waagrechter Blätter laufen können – und das gelingt ihnen sogar noch, wenn man ihnen ein zusätzliches Gewicht auf den Rücken klebt.

- Noch eine weitere Besonderheit sei hier erwähnt: Die Vorderbeine der Ameisen sind mit einer *Putzvorrichtung* ausgestattet, mit der Schmutzteilchen von den Fühlern abgebürstet werden können.
- Die paarigen *Fühler* (*Antennen*) sind die mit Abstand wichtigsten Gebilde, mit denen eine Ameise ihre Umwelt wahrnimmt: Sie dienen dem Tasten, dem Riechen (einschließlich dem Erkennen von Kohlendioxid), dem Schmecken sowie der Wahrnehmung von Temperaturänderungen und Luftströmungen. Und noch eine weitere wichtige Funktion haben die Antennen: Sie dienen in hohem Maße der taktilen Verständigung der Ameisen untereinander (Näheres darüber in Abschnitt VI).
- Die *Mundgliedmaßen* der Ameisen bestehen aus einem Paar *Oberkiefer* (*Mandibeln*), einem Paar *Unterkiefer* (*Maxillen*) und der unpaaren *Unterlippe* (*Labium*). Die Mundwerkzeuge sind vor allem für die Aufnahme von Flüssigkeiten (Honigtau!) und mehr oder minder weicher Nahrung (Gewebebrei von Beutetieren) geeignet. Manche Arten (z. B. die Ernteameisen) vermögen jedoch auch relativ harte Nährsubstrate (Pflanzensamen) aufzuschließen.

  Von besonderer Bedeutung und wahre Vielzweckinstrumente sind die meist schaufelartig verbreiterten und mit Zähnchen besetzten Oberkiefer: Sie ersetzen bei den Ameisen die fehlenden Hände; mit ihnen werden Nahrungstiere oder Feinde gepackt und nach Möglichkeit verletzt; mit ihnen werden Beuteobjekte und Nestmaterial eingetragen; außerdem sind sie unverzichtbare Werkzeuge beim Graben von Gängen und Ausschachten von Nestkammern. Bei einigen Ameisenarten sind die Oberkiefer in ihrer Form an ganz spezielle Aufgaben, z. B. das Abschneiden von Blattstücken, angepasst.

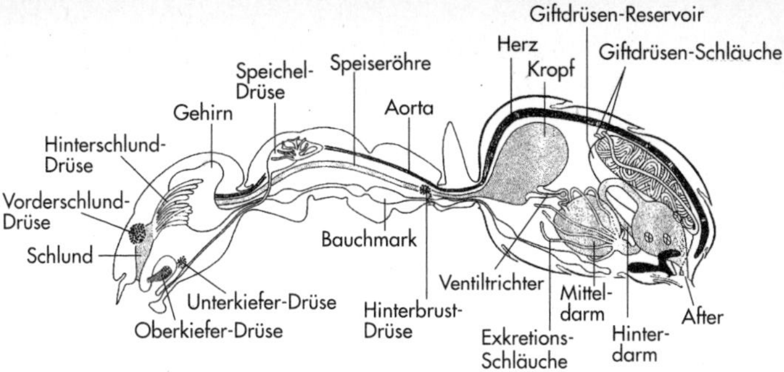

Abb. 3: Wichtige Organe einer Waldameisenarbeiterin. Schematisierter Längsschnitt (nach Otto 1962, verändert).

- Am *Darmtrakt* der Ameisen (vgl. Abb. 3) ist im Hinblick auf das Sozialleben vor allem der Kropf bemerkenswert, eine extrem dehnbare Erweiterung am Ende des Vorderdarms. Sie liegt im vorderen Teil des Hinterleibs und ist durch ein ventilartiges Gebilde, den sog. Ventiltrichter, mit dem Mitteldarm verbunden. Nur wenn der Ventiltrichter geöffnet wird, kann Nahrungbrei aus dem Kropf in den Mitteldarm übertreten, wo dann Verdauungs- und Resorptionsvorgänge ablaufen. Nur ein relativ kleiner Teil der im Kropf gespeicherten Nahrung geht diesen Weg; der andere Teil wird aus dem Kropf wieder zur Mundöffnung zurücktransportiert und an hungrige Nestgenossen verfüttert (vgl. Abb. 10).
  Die Möglichkeit, den Kropf durch Hervorwürgen („Regurgitieren") der Nahrung wieder entleeren zu können, hat eine wichtige Konsequenz: Der Kropf kann als kurzfristiger Futterspeicher nicht nur für den eigenen, sondern auch für fremden Bedarf benutzt werden. Die Versorgung von Königinnen und Innendiensttieren, die nicht selbst auf Futtersuche gehen, wird auf diese Weise sehr erleichtert. Zu Recht bezeichnet man daher den Kropf der staatenbildenden Hautflügler als *sozialen Magen*.
- Im Ameisenkörper gibt es eine Vielzahl an *Drüsen* (vgl. Abb.3). Sie produzieren z.B.

- *Verdauungssekrete*
- *Futtersäfte* (z. B. für die Ernährung der Königinnen und der Geschlechtstierlarven)
- *Wehrsekrete,* die sowohl zur Verteidigung wie auch zur Überwältigung von Beutetieren eingesetzt werden
- *Botenstoffe*, d. h. Substanzen, die eine Signalwirkung auf andere Mitglieder desselben Volkes haben (dienen z. B. zur Anzeige einer Gefahr oder zur Wegmarkieung)
- *Sekrete mit antiseptischer Wirkung*, welche die Entwicklung von Mikroorganismen (Bakterien, Pilzen) im feucht-warmen Ameisennest oder auch auf der Körperoberfläche der Ameisen hemmen
- *Hormone* (steuern insbesondere die Entwicklung der Ameisen).

Ohne Zweifel zeigen gerade die Drüsen der Ameisen sehr eindrucksvoll, dass diese Insekten „von Kopf bis Fuß" – oder besser gesagt: „von den Antennen bis zur Hinterleibsspitze" – auf das Gemeinschaftsleben eingestellt sind!

III. Wo und wie Ameisen ihre Nester bauen

Die weitaus meisten menschlichen Familiengemeinschaften verfügen über eine feste Unterkunft – und sei es (wie bei Naturvölkern) auch nur eine Höhle oder eine wenig stabile Laubhütte. Eine Behausung hat für den Menschen vielfältige Bedeutung: sie gewährt eine gewisse Sicherheit vor den Zugriffen anderer, sie bietet Schutz vor widrigen Witterungsverhältnissen, sie ist das Zentrum des Familienlebens, zu dem die Familienmitglieder nach ihren Außenaktivitäten immer wieder zurückkehren, und sie ist eine unverzichtbare Voraussetzung für das behütete Heranwachsen unserer Kinder.

Trotz dieser Vorteile gibt es unter den Menschen auch Nomaden, die auf einen festen Wohnsitz verzichten, z. B. weil die dürftigen Weidegründe der Region, in der sie leben, ihren Haustieren nur kurze Zeit ausreichende Nahrung bieten. Dies zwingt sie zu einem öfteren Ortswechsel, an den sie durch mobile Behausungen (Zelte) angepasst sind.

In der Welt der Ameisen finden wir verblüffend ähnliche Verhältnisse wie beim Menschen: auch hier zählt die überwiegende Zahl der Arten zu den „Sesshaften", aber es gibt auch unstet umherziehende „Nomaden". Von ihnen soll zunächst die Rede sein.

1. Nomaden ohne dauerhaften Wohnsitz: die Wanderameisen

„Wanderameisen" sind u. a. die Heeresameisen (Ecitoninae), die in Südamerika, und die Treiberameisen (Dorylinae), die in Afrika und bestimmten Regionen Asiens beheimatet sind.

Die Arten, die zu den Wanderameisen gehören, lassen gewisse Gemeinsamkeiten erkennen: sie sind Jäger, deren Nahrung fast ausschließlich aus erbeuteten Tieren besteht, und sie bilden Riesen-Völker, deren Nahrungsbedarf gewaltig ist. Eine ausreichende Futterbeschaffung ist nur durch häufigen Wechsel der Jagdgründe möglich. Die Wanderameisen verzichten daher auf Dauernester und begnügen sich mit primitiven Ersatzlösungen,

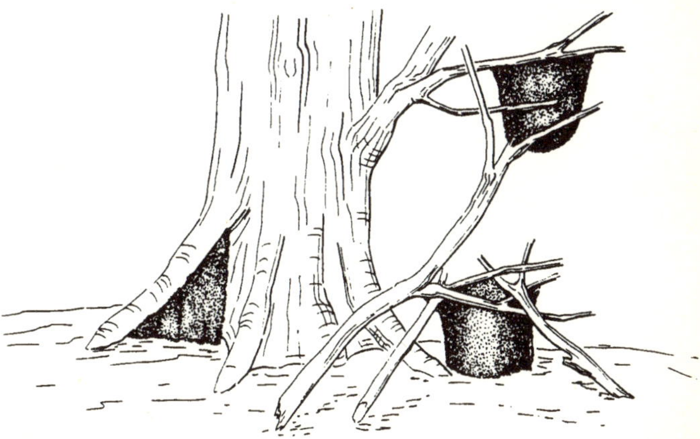

Abb. 4: Verschiedene Biwakformen von Heeresameisen (nach verschiedenen Autoren, aus Dumpert 1994).

sog. „Biwaks": sie halten sich, wenn sie nicht gerade unterwegs sind, dichtgedrängt in natürlichen Höhlungen auf (z. B. in Fels- oder Erdspalten, unter einem umgestürzten Baumstamm, zwischen zwei Wurzeln an der Basis eines Baumstammes oder an ähnlichen Stellen)(vgl. Abb. 4). Zuweilen wird auch eine lebende Traube gebildet, die an einem Zweig hängt und in deren Innern sich – von Pflegerinnen festgehalten – die Brut befindet; röhrenförmige Durchgänge in dieser Ansammlung vieler Tausender von Tieren ermöglichen das Einbringen der Nahrung und sorgen zudem für eine ausreichende Belüftung.

Die Königinnen der Wanderameisen legen ihre Eier nicht fortlaufend ab, sondern in „Schüben", zwischen denen jeweils eine Pause von einigen Wochen liegt. Hungrige Larven, die mit Nahrung versorgt werden müssen, gibt es daher ebenfalls nur zu bestimmten Zeiten. In der 2–3 Wochen währenden Larvenaufzuchtperiode wechselt das Wanderameisenvolk täglich den Nestplatz (und damit auch das Jagdgebiet).

Auf diese sog. *„Wanderphase"* folgt eine ebenso lange *„stationäre Phase"*, in der sich die Brut im Puppenstadium befindet und daher keine Nahrung benötigt. In dieser Zeit kann das Wanderameisenvolk seine Jagdtätigkeit reduzieren und am gleichen Standort bleiben. Während der Puppenphase erfolgt bereits die Ablage der Eier für die nächste Generation, wodurch eine erneute Aufeinanderfolge von Wander- und Stationärphase eingeleitet wird.

2. Sesshaftigkeit: auch bei Ameisen eine Lebensweise mit vielen Vorteilen

Der Verzicht auf ein schützendes Dauernest ist sicher nur in einer Umwelt möglich, in der die Ameisen weder durch niedere Temperaturen beeinträchtigt werden noch durch geringe Luftfeuchtigkeit von Austrocknung bedroht sind. In den feuchtwarmen Tropen, in denen die Wanderameisen leben, sind beide Voraussetzungen gegeben. In anderen Klimazonen unserer Erde sind Ameisen ohne festes Nest kaum lebensfähig: Hier kann nur ein stabiler Wohnbau vor schädlichen Temperaturen oder Luftfeuchtigkeiten schützen. Eine Nestanlage erhöht aber auch die Sicherheit vor bestimmten Tieren, die den Ameisen nachstellen, und sie kann als Vorratskammer (bei Ernteameisen), Treibhaus (bei Blattschneiderameisen) oder Stall (bei wurzellauszüchtenden Ameisenarten) dienen. Vor allem aber ist das Ameisennest Kinderstube; hier wachsen in speziellen Nestkammern jährlich hunderte, bei manchen Arten sogar zigtausende von Larven in einem ihnen zusagenden Mikroklima heran. Das Nest ist das Ziel, zu dem alle Außendiensttiere ihre oft mit großem Zeit- und Arbeitsaufwand gesammelte Nahrung transportieren. Das soziale Verhalten der Ameisen wird durch die gemeinsame Behausung in vielfältiger Hinsicht gefördert und geprägt.

Der außergewöhnliche Erfolg der Ameisen bei der Besiedlung unserer Erde beruht nicht zuletzt darauf, dass es diese Insektengruppe bestens verstanden hat, die vielfältigen Angebote ihrer Umwelt an Nahrungsquellen und Nestplätzen äußerst effektiv zu nutzen. Ameisen findet man in fast allen terrestrischen Lebensräumen unserer Erde: im tropischen Urwald, in Steppen und Wüsten, auf Wiesen, Feldern, in Gärten und Wäldern, im Hochgebirge und in der Ebene, ja sogar in den Städten der Menschen. Sie legen ihre Nester an den unterschiedlichsten Stellen an: im Erdboden, zwischen und unter Steinen, auf und in lebenden Pflanzen, zwischen zusammengesponnenen Blättern, in totem Holz, ja sogar im Gebälk und Mauerwerk menschlicher Behausungen.

Manche Nester bestehen nur aus einer oder einigen wenigen Wohnkammern in winzigen Spalträumen. Solche Mini-Behausungen finden sich manchmal unter der Borke von Kiefern oder in einem abgefallenen und ausgehöhlten Ästchen; die kleinen Völker mancher Schmalbrustameisenarten z. B. fühlen sich hier offensichtlich sehr wohl. Andere Arten bauen Riesenburgen wie die Waldameisen; die imposanten Nesthügel dieser nützlichen Forstinsekten erscheinen allerdings fast bescheiden, wenn man mit ihnen die Nestanlagen bestimmter Blattschneiderameisen-Arten vergleicht: Deren im tropischen Urwald anzutreffende Bauten reichen bis zu 5 m in den Boden hinein und bestehen aus manchmal mehr als tausend faust- bis brotlaibgroßen Kammern und einem mehrere Kilometer langen Gangsystem!

Wo ein Ameisenvolk sein Nest anlegt, ist von mehreren Faktoren abhängig: von der Körpergröße einer Ameisenart, von der artspezifischen durchschnittlichen Individuenzahl des Volkes, von den mikroklimatischen Gegebenheiten an einem Standort, von der Zugänglichkeit des Substrates, in dem das Nest angelegt werden soll, vom Nahrungsangebot in der Umgebung des Nestplatzes, nicht zuletzt auch vom Vorhandensein oder Fehlen konkurrierender Ameisenvölker.

Die Nistorte mancher Ameisenarten (Beispiel: bestimmte Schmalbrustameisenarten) müssen ganz bestimmten Anforderungen entsprechen; sie sind daher nur an streng definierten arttypischen Stellen zu finden. Andere Arten – wie manche heimische Wegameisen- und Knotenameisenarten – sind weitaus weniger wählerisch und sehr flexibel, was Wohnplatz und Nistweise anbetrifft.

Eine kurze Einführung in die Welt der Ameisen, wie sie dieses Buch sein soll, kann nicht die ungeheure Vielfalt an Wohnbauten darstellen, die sich im Laufe der Evolution in dieser Insektengruppe herausgebildet hat. Im Folgenden werden daher nur die wichtigsten Nesttypen kurz vorgestellt.

2.1 Erdnester

Der Erdboden ist ein relativ weiches Substrat, das nahezu überall verfügbar ist und in dem zahllose Ameisenarten ihr Nest anlegen. Für das Graben und Ausschachten der Gänge und Kammern benutzen die Ameisen ihre bekrallten Beine und ihre Oberkiefer. Das abgelöste Erdmaterial wird – wenigstens teilweise – zur Bodenoberfläche gebracht und in der Umgebung der Nestausgänge als „Erdauswurf“ abgelagert. Insbesondere nach sommerlichen Regenfällen, die den Boden aufweichen und leichter bearbeitbar machen, zeugen kleine Anhäufungen frisch nach oben gebrachten Erdmaterials neben den Nestöffnungen von der Grabtätigkeit der sechsbeinigen „Bergleute“.

In den Erdnestern herrschen – je nach Bodentiefe – unterschiedliche Temperatur- und Feuchtigkeitsverhältnisse. Die Bewohner solcher Erdbauten können so in Anpassung an die aktu-

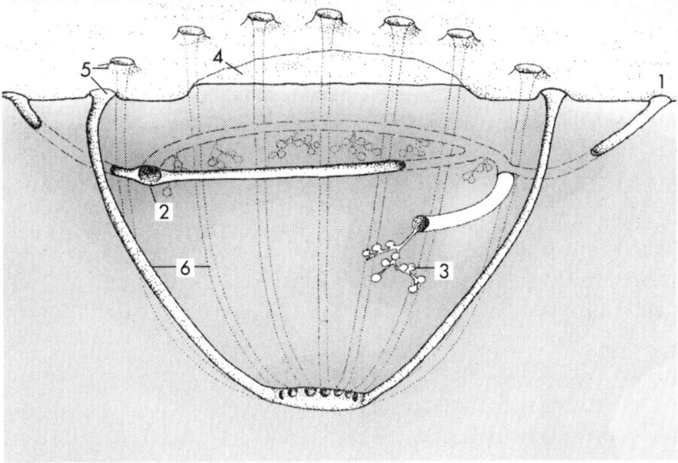

Abb. 5: „Architektur" des Nestes der Blattschneiderameise *Atta sexdens* (schematisierte Darstellung). 1: Nesteingang; 2: Ringkanal; 3: Brutkammern und Pilzgärten; 4: Nestauswurf; 5: Krater; 6: Randkanal (nach verschiedenen Autoren aus Dumpert 1994).

elle Wetterlage den ihnen zusagendsten Bereich aufsuchen (im Winter z. B. die frostsicheren tiefsten Nestkammern).

Bei allen Vorzügen haben Erdnester auch Nachteile: Bedingt durch die Atmung der Bodenbakterien enthält die Nestluft im Vergleich zur Außenluft weniger Sauerstoff und mehr Kohlendioxid. Diese Situation wird durch die Eigenatmung der Ameisen noch weiter verschärft. Individuenreiche Ameisenvölker können daher nur dann im Boden schadlos wohnen, wenn die Nestarchitektur eine wirksame Lufterneuerung gewährleistet, wie dies bei den Blattschneiderameisen durch spezielle Entlüftungskanäle geschieht (vgl. Abb. 5).

Noch ein Problem sei angesprochen: Zumindest in gemäßigten und kalten Klimazonen ist die Erwärmung des Nestareals durch die Sonne nur sehr bescheiden – insbesondere an Stellen mit dichter Bodenvegetation. Eine Reihe erdbewohnender Ameisenarten hat für die Minderung dieses Nachteils sinnvolle bautechnische Lösungen gefunden: das Erdhügelnest bzw. die Nestanlage unter Steinen.

Erdhügelnester entstehen, wenn die Ameisen die ausgeschachtete Erde zu einem Hügel auftürmen und in diesem „Kinderstuben" für ihre wärmebedürftige Brut anlegen (Beispiele: die maulwurfshügelgroßen Nester verschiedener Wegameisenarten). Die in den Luftraum hineinragende Nestkuppel ist in vielerlei Hinsicht vorteilhaft: u. a. fängt sie erheblich mehr Sonnenstrahlen auf als ein unter der Bodenoberfläche gelegenes Nest und verbessert zudem die Belüftung des Wohnbereiches.

Erdnester unter Steinen sind bevorzugte Niststätten bodenbewohnender Ameisen in solchen Lebensräumen, in denen flache Steine auf dem Boden liegen. Der Stein, unter dem sich das Nest befindet, bietet Schutz gegen verschiedene Tiere, die den Ameisen nachstellen (z. B. gegen den Specht) und gegen das Eindringen von Regenwasser; außerdem verhindert er die Ansiedlung beschattender Pflanzen auf der Nestoberfläche. Vor allem aber wirkt ein Stein als Wärmespeicher, der die aufgenommene Wärme an die darunterliegenden Nestkammern abgibt – und das auch noch einige Stunden nach der Besonnung. Dies ist ohne Zweifel eine zwar einfache, aber äußerst effektive Art der „Solarheizung".

2.2 Hügelbauten aus pflanzlichem Material

Die auffälligsten Ameisennester unserer heimischen Wälder sind ohne Zweifel die großen Nesthügel der Waldameisen, die für ihre individuenreichen Völker mit bis zu einigen hunderttausend Arbeiterinnen einen enormen Wohnraumbedarf haben. Ihre mächtigen Nestanlagen können maximal bis fast 2 m hoch werden und zusätzlich ebenso tief in den Boden hineinreichen.

Man kann an einem Waldameisennest grob zwei Bereiche unterscheiden, das *unterirdische Erdnest*, dessen Kammern und Gänge die Nestbewohner durch Ausschachten von Erde anlegen, und die *oberirdische Nestkuppel*, die durch Zusammentragen der verschiedensten Partikel errichtet wird (Abb. 6). Waldameisen siedeln bevorzugt in Nadelwäldern – wohl nicht zuletzt deshalb, weil

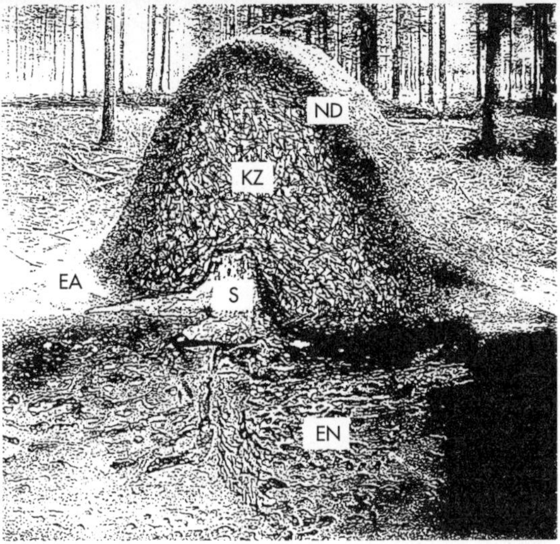

Abb. 6: Schnitt durch ein Waldameisennest. EA = Erdauswurf; EN = Erdnest (= unterirdischer Teil des Nestes); KZ = Kuppelzentrum (grobstrukturiert, mit zahlreichen Hohlräumen); ND = Nestdecke (aus kleinen, dicht gelagerten Partikeln); S = Strunk (nach v. Frisch 1974, verändert).

sie dort in Überfülle Koniferennadeln finden, also ein Nestmaterial, das gut transportierbar ist und das sich nur langsam zersetzt und daher über Jahre genutzt werden kann. Als weitere Baumaterialien dienen kleine Zweigstückchen, Knospenschuppen, zerbissene Grashalme, pflanzliche Samen, kleine Steinchen, Erdkrümel (aus dem unterirdischen Nestteil), Kotknutteln von Wildtieren, Harzklümpchen und vieles andere mehr. Welche der genannten Materialien verwendet werden, ist stark von den jeweiligen Standortverhältnissen (z. B. von der Art des Baumbestandes) abhängig.

In den weitaus meisten Fällen findet sich der Nesthügel nicht an irgendeiner beliebigen Stelle, sondern über einem (nicht zu frischen) Baumstrunk. Dieser bildet gewissermaßen das Zentrum des Nestes; in das Holz des Stubbens nagen die Ameisen eine Vielzahl an Kammern. Diese vor Feinden relativ sichere Nestzone ist ein bevorzugter Aufenthaltsort der Königinnen.

Die Kuppel ist nicht eine mehr oder weniger zufällige Aufhäufung von Nestmaterial, sondern strukturiert: Die *Nestdecke* besteht aus vielen kleineren Partikeln, die so dichtgepackt sind, dass Regenwasser in ein intaktes Nest nur nach längeren Niederschlägen und dann lediglich oberflächlich eindringt. Im *Nestinnern* finden sich größere, sperrige Teilchen, zwischen denen viele Hohlräume sind, die als Kammern und Laufgänge genutzt werden können.

Waldameisennester sind keine statischen, sondern dynamische Gebilde, die sich in einem steten Umbau befinden. Die Umschichtung des Nestmaterials verlangsamt die Verrottung der zusammengetragenen Vegetabilien. Als zusätzliche Maßnahme gegen Zersetzungsprozesse durch Mikroorganismen darf man wohl auch das gelegentliche Absetzen von Ameisensäure im Nestraum deuten (diese hat bekanntlich eine stark bakterizide Wirkung).

Die Faszination eines Waldameisennestes liegt nicht allein in seiner Größe und Struktur, sondern mehr noch darin, wie hervorragend es die Bedürfnisse seiner Bewohner hinsichtlich des Wohnklimas erfüllt. Besonders bemerkenswert ist dabei, dass Temperatur, Luftfeuchte und Luftqualität von den Nestbewohnern in hohem Maße beeinflusst und reguliert werden können. Mit anderen Worten: *Das Nestklima ist in hohem Maße eine soziale Leistung des Waldameisenvolkes.*

Die *Temperatur* in der Kuppel gut besetzter Nester wird während der Vegetationsperiode (April bis Sept./Okt.) auf einem Niveau zwischen 20 und 30 °C gehalten – auch während kühler Witterungsperioden. Als Wärmequellen dienen die Sonnenstrahlen, die von der Kuppeloberfläche absorbiert werden, die Wärme, die beim Stoffwechsel der Ameisen freigesetzt wird und die Vermoderungswärme, die bei der Zersetzung des Nestmaterials durch Mikroorganismen entsteht. Im Frühjahr kann von den Waldameisen zusätzlich Wärme in das Nest eingetragen werden, indem diese sich außerhalb des Nestes den Sonnenstrahlen aussetzen („Sonnung“) und die von ihren dunklen Körpern absorbierte Wärme anschließend im noch kalten Nest abstrahlen.

Die Nestwärme kann von den Ameisen in vielfältiger Weise (durch die Wahl des Neststandortes, durch die Kuppelform und -größe, durch den Aufenthaltsort der Tiere im Nest, durch Öffnen und Schließen von Nestöffnungen usw.) beeinflusst werden. Während der kalten Jahreszeit allerdings vermögen die Waldameisen ihre Nestwärme nicht aufrecht zu erhalten. Im Winter ist es daher in einem Waldameisennest kalt, doch sinkt auch dann wegen der Isolierwirkung der vielen luftgefüllten Hohlräume in der Nestkuppel die Temperatur schlimmstenfalls nur einige wenige Grad unter den Gefrierpunkt ab – jedenfalls nicht in den für Waldameisen tödlichen Bereich, der unter -10 °C liegt.

Die *Luftfeuchte* ist nicht überall in einem Waldameisennest gleich hoch; sie liegt vielfach zwischen 80 und 100%. Dieser hohe Wasserdampfgehalt der Luft ist erforderlich, um den transpirationsbedingten Wasserverlust der Nestbewohner, insbesondere denjenigen der zarten Eier und der weichhäutigen Larven, in einem niederen, unbedenklichen Bereich zu halten.

Schädliche Überkonzentrationen von *Kohlendioxid*, wie sie leicht durch die Atmung vieler tausender Tiere auf engstem Raum entstehen könnten, werden von den Waldameisen offensichtlich durch ein wirksames Entlüftungssystem vermieden. Die in Waldameisennestern gemessenen Kohlendioxidkonzentrationen übersteigen nur selten einen Wert von 0,8–1% und sind deutlich niedriger als die in manchen Waldböden üblichen Werte (Humusböden : bis zu 5%!).

Zusammenfassend läßt sich sagen, dass Waldameisennester klimatisierte Wohnburgen sind, die im Vergleich zu anderen heimischen Ameisennestern einen besonders hohen Wohnkomfort bieten.

2.3 Nester in totem und lebendem Holz

Die Völker mancher Ameisenarten legen ihre Nestkammern in Holz an. Dieses Nistsubstrat besitzt eine große Festigkeit und bietet einen relativ guten Schutz gegen Feinde und widrige Umweltbedingungen. Holz auszuhöhlen ist allerdings sehr arbeitsaufwendig; am leichtesten gelingt dies bei totem, schon etwas morschem Holz. So findet man nicht selten Ameisennester in verrottenden Baumstrünken oder morschen, am Boden liegenden Baumstämmen.

Manche Arten der Gattung *Camponotus* (Rossameisen), zu der die größten in Deutschland vorkommenden Ameisen gehören, nisten nicht nur in totem, sondern auch in lebendem Holz (bevorzugt in Fichten und Kiefern). Sie nagen dort ihre Kammern parallel zu den Jahresringen, wobei die Hohlräume in den weicheren Ringen aus Frühjahrsholz angelegt werden.

2.4 Kartonnester

Als Beispiel für diese Nistweise sei die bei uns beheimatete Glänzendschwarze Holzameise (*Lasius fuliginosus*) genannt. Meist besiedelt diese Art Laubbäume, deren Kernholz an der Basis durch Pilzbefall zerstört ist. Die so entstandene Höhlung wird mit einer schwammartigen, unregelmäßig gekammerten Masse,

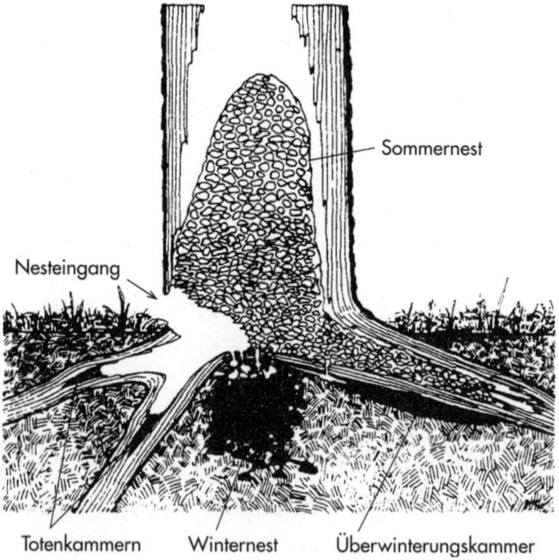

Abb. 7: Kartonnest der Glänzendschwarzen Holzameise *Lasius fuliginosus* in einem hohlen Baumstamm (aus Gößwald 1985).

dem sog. „Karton“ ausgefüllt, wobei die Abstände der Wände zwischen 0,3 und 5 cm liegen (Abb. 7). Als Baustoffe werden verwendet: Holzmehl, kleine Holzstückchen, zuweilen auch Erdklümpchen und Sand. Um diese Materialien fest miteinander zu verkitten, verwenden die Holzameisen zuckerhaltigen Kropfinhalt. Die in diesem „Mörtel“ enthaltenen Nährstoffe ermöglichen das Wachstum eines Pilzes, der die Kammerwände durchwuchert und die Stabilität des „Kartons“ sehr verstärkt.

2.5 Nester aus zusammengesponnenen Blättern

Eine besonders originelle Art des Nestbaues praktizieren die sog. Weberameisen, deren bekannteste Vertreterin die Art *Oecophylla smaragdina* ist (Arten mit ähnlicher Nistweise gibt es auch in den Gattungen *Camponotus* und *Polyrhachis*). Oecophylla kommt im tropischen Südasien vor und baut kugeligovale Blattnester im Kronenbereich von Bäumen; die Wände der Wohnkammern bestehen aus zusammengesponnenen, noch an der Pflanze befindlichen lebenden Blättern.

Bei der Herstellung ihrer Nester müssen die Weberameisen einige nicht ganz einfache technische Probleme lösen: Zunächst müssen die Blätter aufeinander zu gebogen und gezogen werden, ohne sie von der Pflanze abzutrennen. Der Abstand zwischen den Blättern ist fast immer so groß, dass er nicht von einer einzelnen Ameise überbrückt werden kann. Die Ameisen müssen daher regelrechte Tierketten bilden, deren vorderstes Glied mit seinen Mandibeln Blatt A packt und deren letztes Glied sich mit den Beinen an Blatt B festkrallt. Die Zugkraft einer einzigen Tierkette reicht allerdings meist nicht aus, die Blätter soweit anzunähern, dass sie durch Spinnfäden miteinander verbunden werden können; dazu ist das koordinierte Zusammenwirken einiger Ameisen-Ketten erforderlich!

Ist dieser Kraftakt geschafft, muss das nächste Problem gelöst werden: das Verweben der Blattränder. Da die erwachsenen Weberameisenarbeiterinnen selbst keine Spinnseide erzeugen können, bedienen sie sich ihrer Larven, die wie alle Ameisenlarven mit Spinndrüsen ausgestattet sind. Diese lebenden Spinnspulen werden wechselweise auf die zu verbindenden Blätter getupft, wobei sie jedesmal einen Faden anheften, der als Haltetau zum gegenüberliegenden Blatt gezogen und dort befestigt wird. Sind genügend solcher Verbindungsfäden gesponnen, brauchen die beiden Blätter nicht länger festgehalten zu werden: Das Werk ist vollendet!

2.6 Nester in Ameisenpflanzen

Bei den bisher geschilderten Fällen, in denen Ameisen Pflanzenteile als Niststätte nutzen, handelt es sich um überwiegend einseitige Wohnbeziehungen: Die Pflanze hat, wenn man von einem gewissen Schutz gegen pflanzenfressende Insekten absieht, in der Regel von ihren sechsbeinigen Untermietern kaum Vorteile, manchmal sogar Nachteile. Nun gibt es aber auch Pflanzen, die sich offensichtlich als „Vermieter" von Ameisenunterkünften anbieten. Solche in der Fachsprache als *Myrmecophyten* bezeichneten Ameisenpflanzen weisen natürliche Höhlungen auf, die von bestimmten Ameisenarten gerne besiedelt werden. Ameisenwohnstätten sind z.B. die hohlen, gelegentlich bis zu 17 cm langen Dornen mancher Akazien in Afrika und Südamerika (Abb. 8) oder die luftgefüllten Stammabschnitte des Ameisenbaumes *Cecropia*, der im brasilianischen Urwald wächst.

Die Ameisenpflanzen bieten ihren Untermietern nicht nur Wohnung, sondern z.T. auch Nahrung, etwa in Form von Nektarien, aus denen die Ameisen zuckerhaltige Säfte schlürfen, oder in Form von nährstoffreichen Körperchen, die an verschiedenen Stellen der Pflanze, z.B. an der Basis der Blattstiele oder an den Blattfiederchen sitzen (Abb. 8) und von den Ameisen begierig gefressen werden.

Der auffallend mieterfreundliche „Service" dieser Pflanzen lässt vermuten, dass er nicht ganz uneigennützig erbracht wird. Früher glaubte man, der Vorteil für die Wohnpflanze liege vor allem in der Vernichtung von Pflanzenschädlingen durch die Ameisen. Wie man heute aufgrund durchgeführter Experimente weiß, sind die Ameisen – zumindest bei einem Teil der Myrmecophyten – noch in anderer Hinsicht sehr wichtig: Sie entfernen

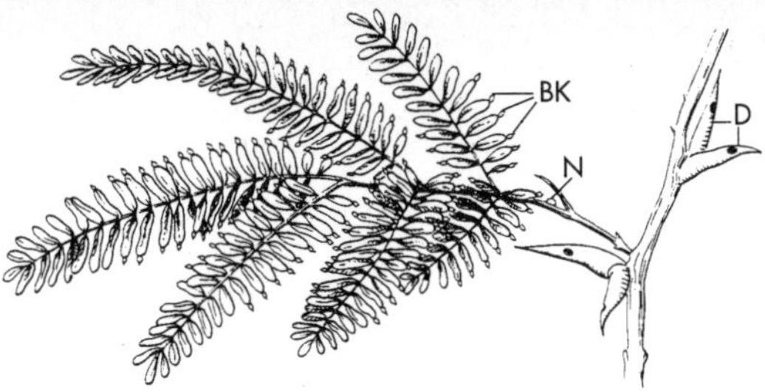

Abb. 8: *Acacia sphaerocephala*, eine in Mexiko beheimatete Akazienart, deren hohle Dornen (D) häufig von Ameisen bewohnt werden. Die nährstoffreichen „Beltschen Körperchen" (BK) an den Spitzen der Fiederblättchen und Nektarien (N) an den Blattstielen bieten den Ameisen Nahrung (nach Gößwald 1954 aus Dumpert 1994).

mit ihren Oberkiefern Klettergewächse und Aufwuchspflanzen (Epiphyten), die das Gedeihen ihrer Wohnpflanze sehr beeinträchtigen würden.

Soweit bisher bekannt gibt es weltweit mindestens einige hundert Pflanzenarten, die Anpassungen an das Zusammenleben mit Ameisen zeigen. Umgekehrt hat sich eine ähnlich große Zahl an Ameisenarten auf das Bewohnen solcher Pflanzen spezialisiert.

IV. Viele Tische sind gedeckt: Ein Blick in die Speisekarte der Ameisen

Um es gleich vorneweg zu sagen: eine für alle Ameisenarten verbindliche Speisekarte gibt es nicht. Die Region, in der ein Volk lebt, beeinflusst in hohem Maße die Art seiner Nahrung – bei Ameisen ebenso wie bei uns Menschen. Die Ameisen haben es im Laufe der Evolution verstanden, die unterschiedlichsten pflanzlichen und tierischen Nahrungsquellen zu nutzen. Dabei spielte freilich nicht nur das Nahrungsangebot eine Rolle, das ein bestimmter Lebensraum bietet, sondern auch die Konkurrenz anderer Tierarten; erst die Spezialisierung auf unterschiedliche Nahrungsquellen erlaubt einer größeren Zahl von Arten nebeneinander zu existieren.

So findet man heute unter den Ameisen Jäger, Viehzüchter, Körnersammler und Pilzzüchter – um nur einige wichtige Ernährungstypen zu nennen. Solche Typisierungen sind freilich sehr problematisch, weil sie nie hunderprozentig zutreffen: die Jäger unter den Ameisen ernähren sich nie ausschließlich von Beutetieren und die Körnersammler sind keineswegs reine Vegetarier. Der Speisezettel ist fast immer gemischt, wodurch gewährleistet ist, dass bei jeder Ernährungsart die lebensnotwendigen Grundnährstoffe (Kohlenhydrate, Fette, Eiweißstoffe) mit der Nahrung aufgenommen werden – wenn auch in unterschiedlichen Mengenanteilen.

1. Ernährungstypen

1.1 Jäger

Insbesondere primitivere Ameisenunterfamilien, z. B. die Stachel-, Treiber- und Bulldoggenameisen, leben weitgehend von Fleischnahrung. Diese stammt meist von frisch getöteten Tieren, doch sind viele Arten nicht abgeneigt, auch Aas zu fressen. Nach Schätzungen von Fachleuten werden in der Natur 90% der toten Gliederfüßler von Ameisen als Futter genutzt; dies unterstreicht ihre große Rolle als „Leichenbestatter".

Jagende Ameisen erbeuten vor allem Insekten und Spinnen, daneben Tausendfüßler, Asseln, Schnecken und Würmer. Die Treiber- und Heeresameisen wagen sich auch an lebende Wirbeltiere, wenn diese nicht flüchten können.

Zur Überwältigung der Beutetiere setzen die Ameisen vor allem zwei Waffen ein: ihre zangenartigen Oberkiefer, mit denen sie ihre Opfer packen und festhalten, und toxisch wirkende Drüsensekrete; diese werden bei den mit einem Stachel bewehrten Arten injiziert, bei den anderen auf die Oberfläche der Beuteobjekte oder in Wunden gespritzt, die mit den Oberkiefern erzeugt wurden. Häufig sind die Nahrungstiere so groß und kräftig, dass sie nur durch das Zusammenwirken einiger Ameisenarbeiterinnen überwältigt werden können.

Eine beträchtliche Zahl von Ameisenarten deckt mit Fleisch nur einen Teil des Nahrungsbedarfes, andere dagegen leben fast ausschließlich von der Jagd. Im Folgenden seien zwei Ameisengruppen vorgestellt, die wichtige Räuber und in dieser Hinsicht ökologisch sehr bedeutsam sind: die in den Tropen beheimateten Wanderameisen und die einheimischen Waldameisen.

1. Beispiel: Die Wanderameisen

Wie bereits an anderer Stelle dargelegt wurde, gehören zu den Wanderameisen die in Afrika und Asien beheimateten Treiberameisen und die südamerikanischen Heeresameisen. Beide Ameisengruppen sind Nomaden, deren extrem individuenreiche Völker wegen ihres hohen Nahrungsbedarfes gezwungen sind, nach nur kurzer Verweildauer an einem Standort weiterzuwandern und neue Jagdgründe zu erschließen.

Vor allem in der Phase der Larvenaufzucht, in der besonders viel Nahrung herangeschafft werden muss, findet täglich ein Beutezug statt. Dieser kann bei Heeresameisen (*Eciton hamatum)* bis 300 m, bei Treiberameisen sogar bis 500 m lang sein. Anfänglich laufen die jagenden Ameisen zu mehreren nebeneinander in einem breiten Band, das seitlich von Soldaten abgesichert wird, in eine bestimmte Richtung. Mit zunehmender Entfernung vom Nest spaltet sich der Zug der Jäger in immer mehr Seitenzweige auf, so dass schließlich das Jagdgebiet von einem engen Netzwerk aus schmalen Tierbändern oder auch einer diffusen, breiten Front vorwärtsdrängender Arbeiterinnen überzogen wird (Abb. 9). Die Ameisen suchen den Boden ab und klettern auf Kräuter, Sträucher und Bäume; alles Getier, das nicht flüchten kann, wird getötet und – meist zerstückelt – zu einem Beutedepot bzw. zum Biwak transportiert. Wenn Wanderameisen in menschliche Behausungen eindringen, können sogar angebundene oder gekäfigte Haustiere angegriffen und skelettiert werden.

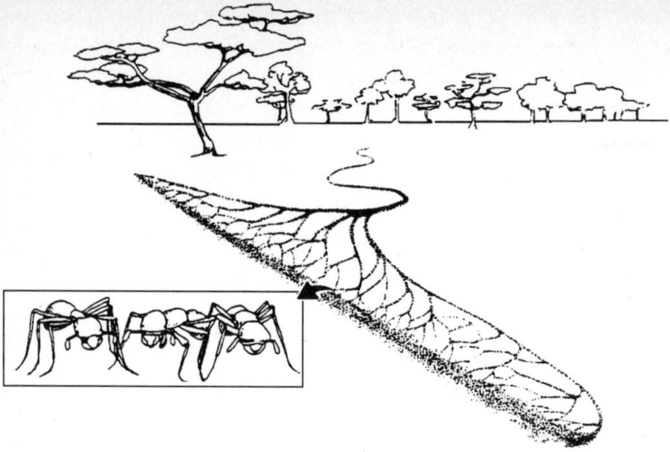

Abb. 9: Raubzug eines Treiberameisenvolkes in der Afrikanischen Savanne (nach Hölldobler u. Wilson 1995 aus Buschinger 1999).

2. Beispiel: Die Waldameisen

Im Gegensatz zu den Wanderameisen ernähren sich Waldameisen nicht nur von erbeuteten Tieren. Gleichwohl zählen sie zu den bedeutendsten Jägern in unseren heimischen Wäldern („Polizei des Waldes") und stehen daher unter Naturschutz.

Besonders wirksam werden von den Waldameisen solche Schädlinge dezimiert, die frei in der Vegetation leben, flugunfähig und weichhäutig sind (Larven von Kiefernspinner, -spanner, Nonne, Forleule, Fichtenblattwepe usw.). Ein starkes Nest der Kahlrückigen Waldameise *(Formica polyctena)* kann bei Massenvermehrungen von Schädlingen pro Tag bis zu 100 000 Beutetiere eintragen; solche Zahlen sind allerdings Extremwerte, die zu verallgemeinern wissenschaftlich nicht seriös wäre.

Waldameisen jagen nicht nur tagsüber, sondern z. T. auch nachts. Ihre Beutetiere finden sie weniger am Boden, sondern hauptsächlich in den Baumkronen. Viele der dort attackierten Insekten lassen sich nach unten fallen und werden dort eine leichte Beute des umherlaufenden „Bodenpersonals".

Kleine Beutetiere werden mit den Oberkiefern gepackt und

zum Wohnbau getragen. Größere Objekte werden meist von zwei oder noch mehr Ameisen zum Nest geschleift. Manche der getöteten Insekten werden auch schon am Ort der Überwältigung zerkleinert und – von außen nicht sichtbar – im Kropf zum Nest getragen.

1.2 Viehzüchter

Insbesondere Ameisenvölker, die sesshaft und zugleich individuenreich sind, können in der Regel nicht ausschließlich von der Jagd leben. Das Nahrungsangebot im erreichbaren Umkreis des Nestes deckt meist nicht ganzjährig den Bedarf.

Viele Ameisenarten (in Mitteleuropa vor allem die Wald-, Weg- und Knotenameisen) haben sich daher durch „Viehzucht" eine zweite, sehr bedeutsame Nahrungsquelle erschlossen. Sie pflegen pflanzensaugende Inseken (Blatt-, Rinden-, Wurzel- und Schildläuse, gelegentlich auch Zikaden und Blattflöhe), um deren zuckerhaltigen Kot („Honigtau") als Nahrung zu nutzen.

Die Ameisen fördern in verschiedener Weise das Gedeihen und die Vermehrung ihrer „Melkkühe": Sie vertreiben Räuber und Parasiten von ihren Pfleglingen, sie bauen manchmal schützende Hüllen um ihre Läuseherden, und einige Ameisenarten lagern sogar die Eier ihrer Honigtauspender während des Winters in ihrem Nest.

Was verschafft den Pflanzensaugern den Vorzug einer solchen Fürsorge durch die Ameisen? Die Antwort lautet: Weil sie in der Lage sind, den Ameisen Nährstoffe pflanzlichen Ursprungs zugänglich zu machen, welche die Ameisen ohne ihre Helfer nicht nutzen könnten.

Viele pflanzensaugende Insekten nehmen mit ihrem Stechrüssel aus den Siebröhren ihrer Wirtspflanzen Säfte auf, die in überreichem Maße Kohlenhydrate, aber nur in geringer Menge stickstoffhaltige Substanzen (Eiweißstoffe) enthalten. Gerade Letztere sind jedoch für das Wachstum der Pflanzensauger von besonderer Bedeutung; um den Eiweißbedarf zu decken, ist daher die Aufnahme großer Mengen Siebröhrensaft nötig. Der Überfluss an Zuckerstoffen wird von den Pflanzensaugern erst gar nicht resorbiert, sondern möglichst schnell mit dem flüssigen Kot „entsorgt". So kommt es zur Bildung großer Mengen von süß schmeckendem „Honigtau".

Ameisen sind große Liebhaber süßer Nahrungsquellen; Honigtau ist daher für sie eine sehr attraktive Energiequelle; er enthält 10–30% Trockensubstanzen (im Wesentlichen Zucker). Aber auch das im Honigtau enthaltene Wasser ist für die Wasserbilanz der Ameisen von größter Bedeutung und vor allem in niederschlagsarmen Zeiten eine unverzichtbare Wasserquelle.

Die für die heimischen Ameisen wichtigsten Honigtauspender sind die *Blatt- und Rindenläuse*, die an oberirdischen Pflanzenteilen saugen, und die unterirdisch lebenden *Wurzelläuse*. Beim Abholen der süßen Ausscheidungen lecken die Ameisen im einfachsten Fall nur die Kottröpfchen ab, welche von den Läusen schon vor der Ankunft einer futtersammelnden Ameise abgesetzt worden sind. Häufiger aber findet eine Art „Melken" statt, bei dem die Ameise mit ihren Fühlern sanft auf den Hinterleib der Laus trommelt; dieses Signal veranlasst die „Melkkuh", ihr Hinterleibsende leicht anzuheben und einen Tropfen Kot austreten zu lassen (Abb. 10); dieser wird von der Ameise begierig aufgesogen und im Kropf zum Nest gebracht.

Die Wechselbeziehungen zwischen Ameisen und Honigtauerzeugern stellen eine echte Symbiose dar, die in der wissenschaftlichen Fachsprache als *Trophobiose* bezeichnet wird. Der Nutzen dieses Zusammenlebens ist für die Ameisen im Hinblick auf

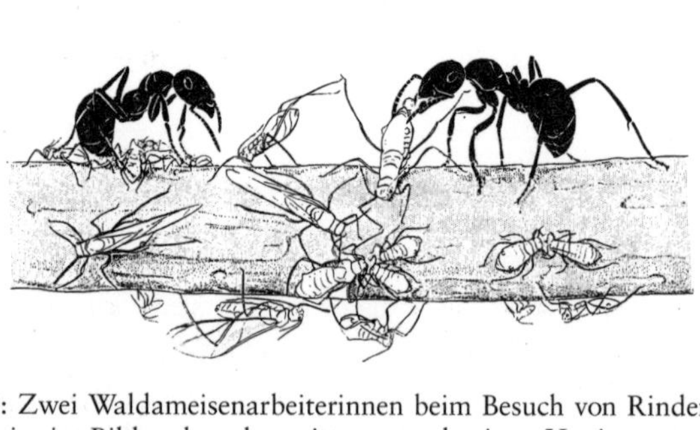

Abb. 10: Zwei Waldameisenarbeiterinnen beim Besuch von Rindenläusen. Die Ameise im Bild rechts oben nimmt gerade einen Honigtautropfen von der Hinterleibsspitze einer Laus auf (aus Hölldobler und Wilson 1995).

ihre Ernährung offenkundig, aber auch die Pflanzensauger profitieren von diesem Miteinander in mehrfacher Hinsicht: Sie genießen Schutz durch die Ameisen, vor allem aber werden sie durch ihre „Pfleger“ von ihrem klebrigen Kot befreit, der in einer dicht sitzenden Läuseherde, würde er nicht abgeholt, zu einem gegenseitigen Ersticken führen könnte. Und noch ein Vorteil für die Läuse: wenn sie von Ameisen besucht werden, beschleunigen sich ihr Wachstum und ihre Vermehrung.

1.3 Körnersammler

Viele Ameisenarten sammeln pflanzliche Samen*, weil diese nährstoffreiche Anhänge (sog. Elaiosome) tragen, die für die Ameisen sehr attraktiv sind (Näheres darüber in Kap. X). Gefressen werden nur diese Anhänge, nicht die Samen selbst. Bei unseren heimischen Ameisenarten haben daher die Elaiosome nur den Rang einer „Zukost“. Ein spezieller Ernährungstyp lässt sich daraus nicht ableiten.

Das ist anders bei den „Körnersammlern“ im engeren Sinne: zu ihnen gehören solche Arten, welche die pflanzlichen Samen selbst als Nahrung nutzen (und sie dabei zum Schaden der Erzeugerpflanze zerstören). Im europäischen Raum sind die bekanntesten Körnersammler Ameisen der besonders im Mittelmeergebiet weit verbreiteten Gattung *Messor*. Diese als „Ernteameisen“ bezeichneten Insekten tragen in beträchtlichem Maße Samen von Wild- und Kulturpflanzen ein.

Das Nahrungsrevier eines Ernteameisenvolkes kann erstaunlich groß sein; die Straßen, auf denen die Samen zum Nest transportiert werden, erreichen manchmal eine Länge von bis zu 200 m. Die eingebrachte Nahrung wird im Allgemeinen nicht sofort verzehrt, sondern im Nest gespeichert. Die eingelagerten Samen dienen vor allem als Nahrungsreserven für die ersten Frühjahrswochen, aber auch für die trocken-heiße Som-

* Der Begriff „Samen“ wird hier des besseren Verständnisses wegen im umgangssprachlichen Sinn verwendet (botanisch exakter wäre „Verbreitungseinheiten“).

merzeit, in der die Futterbeschaffung ebenfalls schwierig sein kann. Ernteameisen nutzen aber auch andere (z. B. tierische) Nahrungsquellen.

1.4 Pilzzüchter

In den Tropen und Subtropen Mittel- und Südamerikas gibt es eine Reihe von Ameisenarten, die sich von Pilzen ernähren. Das Besondere dabei ist, dass die Ameisen ihre Nahrungspilze selbst züchten – in Pilzgärten, die sie in ihren unterirdischen Nestkammern anlegen.

Als Nährsubstrat dienen den Pilzen bei einigen primitiven pilzzüchtenden Ameisenarten Insektenfäkalien und tote Insekten, bei einigen höherentwickelten Arten abgestorbene Pflanzenteile sowie Blatt- und Blütenstücke. Die am höchsten entwickelten Gattungen *Atta und Acromyrmex* (= Blattschneiderameisen) benötigen für ihre Pilzzucht Blätter und Blüten von lebenden Pflanzen. Die Blattschneiderameisen vermögen auf diesem Wege die ungeheure Blattfülle der Tropen indirekt als Nahrung zu nutzen – das macht sie allerdings auch zu außerordentlich bedeutsamen Großschädlingen in Plantagen von Nutzpflanzen.

Die von den Ameisen gezüchteten Pilze können ohne die Pflege ihrer „Gärtner“ nicht existieren, weswegen sie bisher nur in Ameisennestern gefunden wurden. Ohne das Zutun der Ameisen würden diese Pilze wohl durch konkurrierende Pilze unterdrückt werden. Aber wie schaffen es die Ameisen, „ihren“ Pilzen die Konkurrenz – dazu gehören neben anderen Pilzen auch Mikroorganismen – vom Leibe zu halten? Offensichtlich durch das Sekret der Hinterbrustdrüse (vgl. Abb. 3), welches das Wachstum unerwünschter Pilze (und Bakterien) verhindert, ohne dabei dasjenige des Nahrungspilzes zu beeinträchtigen. Mehr noch: das genannte Drüsensekret enthält offensichtlich auch Wuchsstoffe, welche den Nahrungspilz veranlassen, am Ende der Hyphen knollenförmige, sehr nährstoffreiche Verdickungen auszubilden, die den Ameisen als Nahrung dienen.

Gezüchtet werden die Pilze in Hunderten von unterirdischen Erdkammern. Um die Pilze mit Nahrung zu versorgen, laufen die Blattschneiderameisen zu Pflanzen in der näheren und weiteren Umgebung des Nestes und schneiden dort mit ihren scherenförmigen Oberkiefern aus Blättern und Blüten annähernd halbkreisförmige Stücke heraus. Diese Tätigkeit wird vor allem von großen Arbeiterinnen ausgeübt, die dann auch die Pflanzenteile auf breiten Straßen zum Nest transportieren.

Die Blattschneiderameisen und ihre Pilze sind ein treffliches Beispiel für eine Symbiose, d. h. für ein Zusammenleben zu gegenseitigem Nutzen: Die (nur in Blattschneidernestern lebensfähigen) Pilze stellen einen Teil ihrer Geflechtmasse den Ameisen als Nahrung zur Verfügung; ohne diese Futterquelle könnten die hinsichtlich ihrer Ernährung hochspezialisierten Blattschneiderameisen nicht existieren. Umgekehrt erhalten die Pilze von den Ameisen Wohnung, Nahrung und Pflege; insbesondere werden sie vor der Unterdrückung durch konkurrierende Pilze geschützt.

2. Die Futterverteilung

Da sich nur die Außendienstarbeiterinnen eines Ameisenvolkes am Futtereintrag beteiligen, müssen die Innendiensttiere – ebenso wie die laufunfähigen Larven und die ans Nest gebundenen Königinnen – von den Futterholerinnen mit Nahrung versorgt werden. Hierfür gibt es mehrere Wege:

- *Gemeinsames Auffressen der eingetragenen Beutetiere*
- *Weitergabe von Futter durch Hervorwürgen von Kropfinhalt (Regurgitation)*

  Im Kropf eingetragene Nahrung kann von den Futterholerinnen durch die Speiseröhre wieder in den Mundraum zurückbefördert und an hungrige Nestgefährtinnen weitergegeben werden (Abb. 11). Dieses Verhalten fällt unter den Begriff „Trophallaxis“ (= Austausch flüssiger Nahrung zwischen den Angehörigen einer Sozietät). Hungrige Ameisen betteln Individuen, deren Kropf gefüllt ist, mit ganz bestimmten Verhaltensweisen an, um sie zur Futterweitergabe zu veranlassen (vgl. Kap. VI).

  Eine Futterholerin lässt an ihrem Kropfinhalt maximal 6–8 Nestgefährtinnen teilhaben; diese geben ihrerseits einen Teil

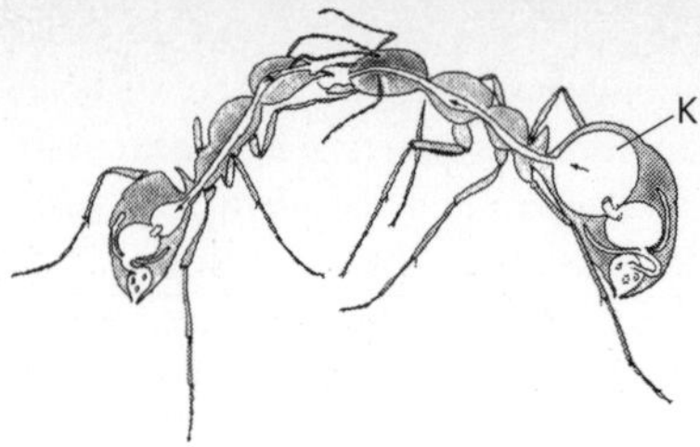

Abb. 11: Fütterung einer hungrigen Ameise (links) mit hervorgewürgtem Kropfinhalt durch eine Futterholerin (rechts). Die Pfeile zeigen den Weg des Nahrungsflusses. K = Kropf (nach Hölldobler aus Buschinger 1999, verändert).

des erhaltenen Futters durch Regurgitation weiter, so dass vom Nahrungseintrag einer einzigen Futterholerin – *direkt und indirekt* – bis zu 80 andere Individuen profitieren können. Die Weitergabe von Kropfinhalt wird bei der Bekämpfung von Ameisen mit Hilfe von Fraßködern genutzt: Um schwer zugängliche Völker auszurotten, wird umherlaufenden Außendiensttieren ein attraktives Futtersubstrat angeboten, dem eine Substanz beigemischt ist, die erst nach einiger Zeit schädigend wirkt. Ameisen, die von diesem Köder gefressen haben, tragen die unheilbringende Nahrung im Kropf ein und geben sie an Innendiensttiere und Larven weiter. Auch Königinnen können auf diesem Weg vergiftet werden – allerdings nicht immer, da sie zumindest zeitweise nicht mit dem Kropfinhalt von Außendiensttieren, sondern mit Drüsensekreten von Innendiensttieren gefüttert werden. Dies erklärt die Mißerfolge mancher Bekämpfungen mit Fraßködern – z. B. bei der gefürchteten Pharaoameise.

- *Verfüttern nährstoffreicher Drüsensekrete*
  Nährstoffe, die vom Darm einer Ameise resorbiert worden sind, können sofort oder nach längerer Speicherung im Fettkörper der Tiere zur Bildung qualitativ hochwertiger Futtersäfte verwendet werden. Diese nährstoffreichen Sekrete werden in bestimmten Drüsen gebildet, die im Kopf und Vorderkörper liegen (Abb. 3) und ihre Produkte in den Vorder-

darm abgeben. Von dort gelangen sie in die Mundhöhle und können dann auf dem Weg der Mund-zu-Mund-Fütterung an andere Individuen eines Volkes weitergegeben werden.
Eine wichtige Rolle spielt das Verfüttern von Drüsensekreten bei der Aufzucht von Geschlechtstieren, da deren Larven auf diese entwicklungsfördernde Spezialnahrung angewiesen sind. Auch die Königinnen erhalten dieses „Kraftfutter".

3. Das Überstehen nahrungsarmer und nahrungsloser Zeiten

Vor allem in den gemäßigten Klimazonen, aber auch in verschiedenen anderen Regionen unserer Erde ist der Tisch für die Ameisen keineswegs ganzjährig gedeckt: So gibt es nicht immer ausreichend Beutetiere, Honigtauspender treten nur in bestimmten Monaten in ausreichender Menge auf und das Angebot an pflanzlichen Samen zeigt ebenfalls starke saisonale Abhängigkeiten.

In Gebieten mit kalten Wintern muss der Nahrungserwerb während der ungünstigen Jahreszeit eingestellt werden: einmal wegen eines fast fehlenden Nahrungsangebotes zu dieser Zeit; zum andern wegen der temperaturbedingten Kältestarre der Ameisen. Und noch eine nahrungslose Periode gibt es im Leben jeder Ameise: die Puppenphase, in der keine Nahrungsaufnahme stattfindet.

Um Hungerzeiten zu überstehen, haben die Ameisen zwei Strategien entwickelt:

a) Die Einlagerung von Vorräten im Nest
Das bekannteste Beispiel für diese Methode sind die Ernteameisen, welche die gesammelten Pflanzensamen in ihren Nestkammern bis zum Verzehr speichern. Insgesamt jedoch ist die Vorratshaltung im Nest bei Ameisen selten – aus verständlichen Gründen: Beutetiere können nicht haltbar gemacht werden und für die Einlagerung zuckerhaltiger Flüssigkeiten haben die Ameisen – im Gegensatz zu den Honigbienen – keine geeigneten Behältnisse.

b) Die Speicherung von Nährstoffen im Körper der Ameisen

Diese Strategie haben die Ameisen mit sehr vielen anderen Tieren gemeinsam, die Hungerperioden überstehen müssen – insbesondere im Zusammenhang mit der Überwinterung oder mit einer Phase des Entwicklungsstillstands. Zur Vorbereitung auf solche „Fastenzeiten" werden im Speichergewebe des Hinterleibs Reservestoffe, insbesondere Fette eingelagert. Bei überwinternden Waldameisenarbeiterinnen z. B. kann der Fettgehalt fünfmal so hoch sein wie der von Sommerarbeiterinnen, wobei allerdings nur Jungarbeiterinnen dieses beachtliche Speichervermögen besitzen. Altarbeiterinnen müssen ohne größere körpereigenen Vorräte über den Winter kommen. Dass ihnen dies trotzdem gelingt, ist durch den fast „eingefrorenen" Stoffwechsel erklärbar.

Noch ein Wort zur Puppenphase: Bildlich gesprochen ist dies eine Zeit, in welcher der „Betrieb wegen Umbauarbeiten geschlossen" ist. Die Baustoffe und die Energie, die für die Umgestaltung der Organsysteme erforderlich sind, werden zu einem beträchtlichen Teil aus Reservestoffen bezogen, die vor der Verpuppung eingelagert wurden. Die „Gefräßigkeit" der Larven erscheint aus diesem Blickwinkel in einem ganz anderen Licht: sie mästen sich für eine Fastenzeit, in der sie nicht nur ohne Nahrung auskommen, sondern auch noch eine sehr energiezehrende Periode ihrer Entwicklung durchlaufen müssen.

Abschließend sei noch eine sehr kuriose Art der Nahrungsspeicherung erwähnt, die es bei den sog. Honigameisen gibt. Zu dieser Gruppe von Ameisen gehören weltweit rund 10 Ameisengattungen, die wüsten-, steppen- oder karstartige Gebiete bewohnen und dort zuckerhaltige Säfte unterschiedlicher Herkunft sammeln. Da diese Nahrung nur kurzfristig im Überfluss verfügbar ist, werden die Überschüsse gespeichert – und zwar im Kropf eines Teils der Arbeiterinnen des Volkes. Beim „Volltanken" kann der Hinterleib der Speichertiere bis zu Erbsengröße anschwellen, so dass diese lebenden Honigtöpfe nicht mehr lauffähig sind. Sie hängen deshalb wochenlang bewegungslos an der Decke einer Nestkammer. Bei Bedarf werden sie herabgeholt und (auf dem Wege der Regurgitation) entleert. Bei *Myrmecocy-*

stus mexicanus reicht der Inhalt eines „Honigtopfes", um in nahrungsarmen Zeiten ca. 100 Nestgefährtinnen 14 Tage lang mit dem benötigten Futter zu versorgen. Dabei kommt diesen Ameisen sehr zugute, dass sie nur einen geringen Nahrungsbedarf haben – eine sinnvolle Anpassung an Lebensräume mit kargen Ernährungsmöglichkeiten.

V. Von der Kunst, sich zurechtzufinden

1. Orientierungsprobleme

Fast alles, was eine Ameise tut, ist an eine wichtige Voraussetzung gebunden: sie muss sich in ihrer Umwelt zurechtfinden können. So muss eine Ameise *im stockdunklen Innern des Nestes* zwischen oben und unten, zwischen innen und außen gelegenen Nestzonen unterscheiden können. Ferner muss sie in der Lage sein zu erkennen, welche Nestbereiche im Hinblick auf Temperatur, Luftfeuchte, Sauerstoff- und Kohlendioxid-Gehalt der Luft zum jeweiligen Zeitpunkt die zusagendsten Lebensbedingungen bieten. Die Brutpflegerinnen müssen die Nestkammern finden können, in denen Eier, Larven oder Puppen lagern. In kleinen Nestern mag dies ohne große Schwierigkeiten möglich sein; das Zurechtfinden in einem großen Nest fordert dagegen seinen Bewohnern schon ein beträchtliches Orientierungsvermögen ab. Zu den Spitzenkönnern im Zurechtfinden zählen sicher die Blattschneiderameisen, die es schaffen, im Labyrinth der riesigen unterirdischen Nestanlage mit ihrem einige hundert Meter langen Gangsystem und ihren vielen Hunderten Nestkammern ans Ziel zu kommen. Ein Mensch, der eine vergleichbar bewundernswerte Leistung erbringen wollte, müsste in der Lage sein, in einem riesigen Gebäudekomplex mit zahlreichen Stockwerken und hunderten von Räumen in völliger Dunkelheit zielgerichtet das richtige Zimmer anzusteuern.

Sicher noch komplexer sind die Orientierungsprobleme, die eine Außendienstameise *außerhalb des Nestes* bewältigen muss (bei der Nahrungsbeschaffung, bei der Erkundung eines neuen Nestplatzes, beim Eintragen von Nestmaterial usw.). Speziell bei der Ausbeutung von Futterquellen legen manche Ameisenarten Strecken zurück, die einige hundert Meter lang sind. Bei der Futtersuche wechselt nicht selten die Laufrichtung aus der Horizontalen (Bodenoberfläche) in die Vertikale (Baumstamm) oder in die Schräge (Äste), etwa wenn der Kronenbereich eines Baumes nach Nahrung abgesucht wird. Längerfristig fließende Nahrungsquellen wie honigtauspendende Rindenlausherden werden dabei immer wieder gezielt aufgesucht und offensichtlich mit großer Zuverlässigkeit wiedergefunden. Orientierungsleistungen besonderer Art werden auch den Geschlechtstieren auf ihrem Hochzeitsflug abverlangt – beim Flug zu den Paarungsplätzen und bei der Ortung der Geschlechtspartner.

Trotzdem erscheinen uns Menschen viele Orientierungsleistungen der Ameisen auf den ersten Blick gar nicht so sehr beeindruckend, besitzen doch diese Insekten wie wir Menschen Augen. Ohne Zweifel: die Lichtsinnesorgane sind für die Ameisen wichtige Orientierungshilfen, aber sie sind – was die Sehschärfe und Sehweite anbetrifft – nicht annähernd so leistungsfähig wie das Auge des Menschen. Das Gesichtsfeld einer laufenden Ameise wird zudem in vegetationsreichem Gelände durch die Pflanzendecke stark eingeschränkt; eine Ameise, die sich auf einer Wiese befindet, vermag aufgrund ihrer Kleinheit ebensowenig über die sie umgebenden Grasbüschel in die Ferne sehen wie ein Mensch dies kann, wenn er in einer ebenen Gegend durch einen Hochwald wandert. Dass Ameisen selbst beim Zurücklegen größerer Strecken nicht unbedingt auf ihre Augen angewiesen sind, beweisen z. B. die Waldameisen, die auch nachts, selbst bei bedecktem Himmel, zur Nahrungssuche auslaufen, wenn auch weniger häufig als am Tage. Ein noch eindrucksvolleres Beispiel liefern die Treiberameisen, deren millionenstarke Völker nahezu täglich ausgedehnte und höchst erfolgreiche Raubzüge in ständig wechselnden Jagdgebieten durchführen – und das obgleich die Arbeiterinnen keine Facettenaugen besitzen!

Wie lassen sich die hier geschilderten Orientierungsleistungen der Ameisen verstehen? Der Leser, der jetzt eine Erklärung erwartet, die alle Fragen beantwortet, sei gewarnt: Trotz zahlreicher, z. T. mehr als 100 Jahre alter Untersuchungen zu diesem Thema ist vieles auch heute noch rätselhaft. Immerhin gibt es eine Reihe gesicherter Erkenntnisse über die Sinnesorgane der Ameisen und ihre Leistungen, wobei ein großer Teil dieser Befunde durch Laborexperimente gewonnen wurde.

Hier liegt eine unbestreitbare Schwachstelle unseres Wissens: Der Nachweis etwa, dass eine Ameise sich unter bestimmten Laborbedingungen mit Hilfe des Lichtes orientiert (vielleicht sogar ausschließlich), beweist noch nicht, dass sie das auch im Freiland tut; dort können durchaus andere Sinne (Tast-, Geruchs-, Schweresinn) die Ameise ans Ziel führen – allein oder im Zusammenwirken mit dem Lichtsinn.

2. Die Sinnesorgane – unverzichtbare Orientierungshilfen

Es ist für uns Menschen ziemlich schwierig, uns in die Welt einer Ameise zu versetzen, weil sie ihre Umgebung ganz anders erfährt als wir Menschen. „Die Sinnesorgane sind die Fenster zur Umwelt" – hat ein bekannter Physiologe einmal sehr treffend formuliert. Unsere „Fenster", d. h., die Sinnesorgane des Menschen sind anders als die einer Ameise; dementsprechend verschieden sind auch die wahrgenommenen „Welten". Unser Bild der Welt beruht in hohem Maße auf optischen Eindrücken, in der Welt der Ameisen dagegen dürften – zumindest in vielen Situationen – Geruchs- und Tastwahrnehmungen eine beherrschende Rolle spielen.

Im Folgenden soll ein – ohne Zweifel stark vereinfachter – Überblick über die Sinnesleistungen der Ameisen gegeben werden. Das Ziel ist dabei, eine Vorstellung von den Orientierungshilfen zu vermitteln, die einer Ameise zur Verfügung stehen.

2.1 Die Lichtsinnesorgane

Ameisen scheinen auf den ersten Blick mit Lichtsinnesorganen besser ausgestattet zu sein als der Mensch, besitzen doch die meisten von ihnen nicht zwei, sondern fünf Augen: zwei an den

Seiten des Kopfes befindliche *Komplexaugen (Netz-, Facettenaugen)* und drei auf der Stirn gelegene, wesentlich kleinere *Einzelaugen (Ocellen, Stirnaugen)* (Abb. 12). Wie bei vielen anderen Dingen ist jedoch auch hier nicht die Quantität, sondern die Qualität entscheidend; diese ist hinsichtlich bestimmter Sehleistungen deutlich geringer als bei den hochentwickelten Linsenaugen des Menschen.

Die Komplexaugen

Die beiden Komplexaugen setzen sich aus einer größeren Zahl von weitgehend gleich gebauten Untereinheiten, den sog. Sehkeilen (Ommatidien) zusammen. Jeder Sehkeil bildet einen kleinen Ausschnitt aus dem Sehfeld der Ameise in Form eines mehr oder minder hellen oder dunklen Lichtpunktes ab. Das von einem Ameisenauge entworfene Gesamtbild setzt sich daher aus so vielen Lichtpunkten zusammen wie das Auge Ommatidien enthält. Das Prinzip eines solchen Rasterbildes lässt sich am besten verdeutlichen, wenn man mit einer starken Lupe ein Zeitungsbild betrachtet: auch dieses besteht aus einer Vielzahl kleiner heller und dunkler Punkte.

Wie viele Sehkeile das Auge aufbauen, ist bei den einzelnen Ameisenarten unterschiedlich und innerhalb einer Art von Geschlecht und Kastenzugehörigkeit abhängig. Arbeiterinnen ha-

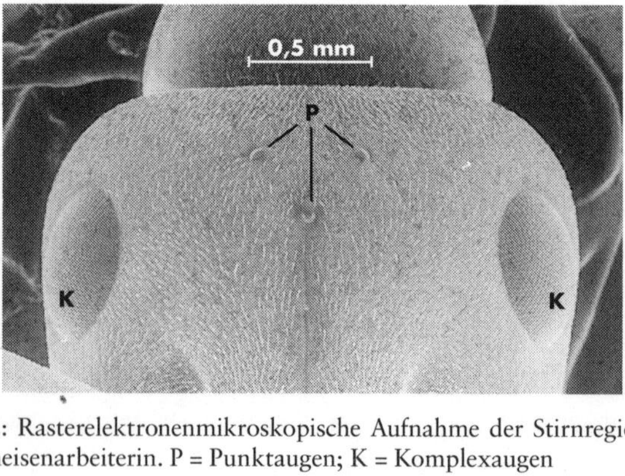

Abb. 12: Rasterelektronenmikroskopische Aufnahme der Stirnregion einer Waldameisenarbeiterin. P = Punktaugen; K = Komplexaugen

ben im Allgemeinen die wenigsten, Männchen die meisten Sehkeile. Wir dürfen daher annehmen, dass die Männchen am besten sehen – vermutlich, weil die Orientierung während des Hochzeitsfluges und das gezielte Anfliegen der Geschlechtspartnerin besonders hohe Anforderungen an ihre Sehtüchtigkeit stellt. Das „Bodenpersonal" kommt offensichtlich auch mit einer weniger guten optischen Ausrüstung zurecht; die Arbeiterinnen halten sich ja sowieso einen großen Teil ihrer Zeit im dunklen Nest auf und im Außenbereich lässt ihnen ihre langsame Fortbewegung durch Laufen mehr Zeit für das bildliche Erfassen der Umgebung.

Das von den Komplexaugen entworfene Rasterbild ermöglicht aufgrund der geringen Zahl an Lichtpunkten zwar das Wahrnehmen von Bewegungen, aber sicher nicht das präzise Erkennen von Formen. Trotzdem dürfte das Sehvermögen von Ameisen nicht so schlecht sein, wie die geringe Ommatidienzahl erwarten lässt. Eine Ameise sieht ja normalerweise kein ruhendes, sondern ein bewegtes Rasterbild. Während sie läuft oder den Kopf hin und her dreht, „tastet" sie mit ihren Augen fortwährend ihre Umgebung ab und nimmt dabei eine rasch wechselnde Folge von Rasterbildern auf. Durch Aneinanderreihen der vielen dabei gewonnenen Einzelbilder dürfte es einer Ameise sehr wohl möglich sein, bestimmte Umgebungsstrukturen zu erfassen. Das hohe zeitliche Auflösungsvermögen des Insektenauges (d. h. die Fähigkeit, selbst sehr rasch aufeinanderfolgende Bildeindrücke zu verarbeiten) ist dabei sicher sehr nützlich.

Auch wenn das optische Abtasten der Umgebung die Wahrnehmung von Details im Sehfeld einer Ameise deutlich verbessert: aus physikalischer Sicht sind die Komplexaugen keineswegs „technisch" ausgereifte Sehapparate. Sie sind *unfähig, sich auf wechselnde Gegenstandsweiten einzustellen*, wie das dem menschlichen Auge durch Veränderung der Linsenkrümmung möglich ist. Eine Ameise dürfte aus diesem Grunde große Teile ihrer Umgebung nur schemenhaft und ziemlich verschwommen sehen.

Zu den positiven Aspekten des Ameisenauges zählt die bei einer Reihe von Arten (z. B. Wald-, Wüsten- und Blattschneiderameisen) nachgewiesene *Fähigkeit zur Wahrnehmung von Far-*

ben. Die farbtüchtigen Arten können im Gegensatz zum Menschen auch kurzwelliges Licht (UV) sehr gut erkennen; rotes Licht dagegen ist für sie unsichtbar.

Eine weitere sehr wichtige Eigenschaft des Ameisen-Komplexauges ist die (uns Menschen verschlossene) *Fähigkeit, die Schwingungsrichtung linear polarisierten Lichtes analysieren zu können.* Im Normalfall schwingen Lichtwellen in den verschiedensten Ebenen; unter bestimmten Bedingungen – z.B. wenn das Sonnenlicht die Atmosphäre durchdringt – schwingt das Licht nur noch in einer einzigen Ebene: es ist linear polarisiert. Im Falle des Himmelslichtes ist die Schwingungsebene von zwei Faktoren abhängig: a) vom Sonnenstand und b) von der betrachteten Stelle am Himmel. Für ein Lebewesen, das die Schwingungsrichtung des polarisierten Himmelslichtes erkennen kann, zeigt der Himmel ein ganz bestimmtes Polarisationsmuster, das sich mit der Wanderung der Sonne gesetzmäßig verändert. Aus dem gesehenen Muster sind daher Rückschlüsse auf den Sonnenstand möglich – auch wenn die Sonne gerade durch eine Wolke verdeckt ist. Organismen, welche die Sonne als Kompass benutzen, erhalten so eine wichtige Orientierungshilfe an Tagen mit teilweise bewölktem Himmel.

Die Stirnaugen

Während es über die Leistungen der Komplexaugen eine Reihe fundierter Befunde gibt, ist der Wissensstand über die drei *Stirnaugen* der Ameisen vergleichsweise mager. Sie sind sehr viel kleiner, sind nicht aus Sehkeilen aufgebaut und liegen als Dreiergruppe in der Stirnregion des Kopfes.

Für ein Bildsehen sind die Stirnaugen aufgrund ihres einfachen Baues mit großer Wahrscheinlichkeit ungeeignet. Sie besitzen jedoch eine hohe Lichtstärke und können ultraviolettes und polarisiertes Licht wahrnehmen. Vermutlich kann eine Ameise mit diesen Lichtsinnesorganen Helligkeitsunterschiede und die Richtung erkennen, aus der das Licht kommt. Aus Versuchen bei der Wüstenameise *Cataglyphis* geht hervor, dass die Stirnaugen von Bedeutung sein können, wenn Außendiensttiere dieser Ameisenart die Sonne oder das Polarisationsmuster des

Himmels zu ihrer Orientierung benutzen. Unbedingt notwendig scheinen sie dafür allerdings nicht zu sein, denn auch Wüstenameisen mit abgedeckten Stirnaugen finden sich problemlos zurecht. Vermutlich ergänzen die Stirnaugen nur die Leistungen der Komplexaugen.

2.2 Die Antennen

Wie schon an früherer Stelle kurz angedeutet wurde, sind die Antennen der Ameisen Vielzweckorgane, die der Wahrnehmung recht unterschiedlicher Reize dienen. Nicht alle diese Wahrnehmungen werden für die Orientierung genutzt (Beispiel: Geschmackssinn); die folgenden Ausführungen werden sich daher auf solche Sinne beschränken, die beim Zurechtfinden hilfreich sind.

Tasthaare

Auf den Antennen finden sich in großer Zahl Haare, die auf Berührungsreize ansprechen. Es handelt sich dabei um bewegliche Haare, deren Ablenkung Sinneszellen in Erregung versetzt, die an der Basis der Haare ansetzen.

Bei größeren Ameisenarten können mehr als 1000–2000 Tasthaare auf jeder Antennengeißel stehen. Da sie über die Fühleroberfläche verteilt sind, liefern Zahl und Ort der gereizten Haare recht differenzierte Informationen, z. B. über die Größe und Form eines betasteten Objektes. Und das umso besser, als eine Ameise ja zwei Fühler besitzt, mit denen sie kleinere Objekte auch umgreifen kann.

Chemorezeptoren für die Wahrnehmung gasförmiger Stoffe

Auf den Antennen sind auch einfach gebaute Sinnesorgane („Sensillen") lokalisiert, die dem Erkennen von Duftstoffen („Riechen") oder dem Unterscheiden verschiedener Kohlendioxid- und Wasserdampf-Konzentrationen dienen. Sie werden mit einem Sammelbegriff als Chemorezeptoren bezeichnet.

Der *Wahrnehmung von Duftstoffen* dienen haar- oder kegelförmige Ausstülpungen der Antennenwand oder auch Einsenkungen derselben. All diesen Gebilden ist gemeinsam, dass sie für Duftstoffmoleküle leicht durchlässig sind, die so zu den Riechsinneszellen im Inneren der Fühlergeißel gelangen und diese in Erregung versetzen. Offensichtlich gibt es bei den Riechsinneszellen auch Spezialisten, die nur auf bestimmte chemische Stoffgruppen oder Substanzen (z. B. Alarmstoffe) ansprechen.

Für die *Wahrnehmung von Kohlendioxid* besitzen die Ameisen gesonderte Sensillen, welche die Form eines dünnen, langen und gegabelten Schlauches haben; dieser beginnt mit einem Porus in der Antennenwand und führt ins Innere des Fühlers.

Über *die Feuchtigkeitssinnesorgane* der Ameisen ist noch wenig bekannt; vermutlich liegen sie ebenfalls auf den Antennen. An ihrer Existenz ist nicht zu zweifeln, denn Veränderungen der Luftfeuchtigkeit können Ameisen zu einem Wechsel des Aufenthaltsortes – z. B. innerhalb des Nestes – veranlassen.

Noch ein ergänzender Hinweis: In vielen Lebenssituationen ist es für ein riechendes Tier notwendig, die Richtung festzustellen, aus der die wahrgenommenen Duftstoffe kommen. Bei bewegter Luft erfordert dies ein Erkennen der Windrichtung. Ameisen können *Luftströmungen* sehr wahrscheinlich mit dem sog. Johnstonschen Organ feststellen; dieses Sinnesorgan liegt – vom Kopf her gesehen – im 2. Fühlerglied und spricht auf Ablenkungen der Fühlergeißel an, wie sie beim Anströmen mit Luft zustande kommen.

Sehr wahrscheinlich liegen auf den Antennen der Ameisen auch *Thermorezeptoren,* die der Wahrnehmung von Temperaturunterschieden dienen. Wie sie beschaffen sind, ist bislang ungeklärt; sie auf den Fühlern zu vermuten, ist durch Befunde begründet, die man bei anderen Insekten gewonnen hat. Was sie zu leisten vermögen, zeigten Verhaltensversuche bei Waldameisen, bei denen diese noch Temperaturdifferenzen von 0,25 °C feststellen konnten.

2.3 Die Wahrnehmung der Schwerkraft

Die Fähigkeit, oben und unten unterscheiden zu können, ist für eine Ameise bei allen Ortsveränderungen von größter Bedeutung. Die Wahrnehmung der Schwerkraft erfolgt dabei durch mehr als 20 Felder von Sinnesborsten, die an verschiedenen Bein- und Fühlergelenken, vor allem aber in der Halsregion und im Bereich des Hinterleibsstielchens gelegen sind.

Das Prinzip der Schwerkraftwahrnehmung besteht – stark vereinfacht dargestellt – darin, dass schwerkraftbedingte Ablenkungen bestimmter Körperteile dazu führen, einen Druck auf benachbarte Sinnesborsten auszuüben; die dabei erfolgende Abbiegung der Borsten führt zu einer Reizung der mit ihnen verbundenen Sinneszellen.

3. Orientierungsweisen

3.1 Orientierung „zu Hause"

Wie Ameisen sich im Innern ihres dunklen Nestes zurechtfinden, lässt sich durch Versuche nur schwer erforschen. Dies liegt vor allem an der Schwierigkeit, die vielen Reize, die auf eine durchs Nest laufende Ameise einwirken, im Experiment so nachzustellen, dass halbwegs natürliche Verhältnisse herrschen. Die folgenden Ausführungen beruhen deshalb weitgehend auf Vermutungen, wobei diese durch unsere Kenntnisse über die Sinnesleistungen der Ameisen allerdings wohlbegründet sind.

Bei der Fortbewegung durch den dunklen Bau sind die Lichtsinnesorgane nicht verwendbar – außer vielleicht in unmittelbarer Nähe der Nesteingänge. Wichtige Leitlinien in dieser lichtlosen Umgebung dürften die Gänge sein, welche die Wohnanlage durchziehen; dabei liefern die Schweresinnesorgane einer Ameise Informationen darüber, ob sie aufwärts oder abwärts läuft. Die Laufgänge besitzen häufig eine unterschiedliche Weite – je nachdem ob es sich um „Hauptverkehrswege" handelt, die z. B. von den Nestöffnungen ins Innere des Baues führen, oder um „Seitenwege", die als Zugänge zu kleineren Nestkammern dienen. Die Weite dieser Wege kann mit den Antennen taktil erkannt werden. In Wohnbauten, die sich über verschiedene Substrate (z. B. Holz, Erde usw.) erstrecken, kann eine Ameise durch das Abtasten der Gangwände sicher auch auf die Nestregion schließen, in der sie sich gerade befindet. Der Tastsinn ist darüber hinaus unverzichtbar, um Hindernissen oder entgegenkommenden Ameisen auszuweichen.

Für das Erkennen bestimmter Nestbereiche liefern sicher auch die Thermo- und Chemorezeptoren wichtige Informationen, denn die einzelnen Nestzonen unterscheiden sich oft deutlich in der Temperatur, im Wasserdampfgehalt der Luft und in der Sauerstoff- und Kohlendioxidkonzentration. Mögliche Orientierungshilfen sind auch Geruchseindrücke: So wie in einem menschlichen Haus verschiedene Räume (Keller, Küche, Bad ...) einen spezifischen Geruch aufweisen, mag es auch in einem Ameisennest Bereiche geben, die modrig riechen (Abfallkammern) oder nach bestimmten Entwicklungsstadien (Brutkammern) oder nach erwachsenen Artgenossen (Wohnkammern). Es wäre mehr als erstaunlich, wenn so riechtüchtige Lebewesen wie die Ameisen nicht das Duftmuster ihres Nestes dazu benutzen würden, sich dort zurechtzufinden.

3.2 Orientierung unterwegs

Wenn wir uns verdeutlichen wollen, wie Ameisen ihre Orientierungsprobleme außerhalb des Nestes, also bei ihren Streifzügen durchs Gelände lösen, ist es sinnvoll darüber nachzudenken, welche Orientierungsmöglichkeiten der Mensch in vergleichbaren Situationen nutzt.

1. Möglichkeit: Die Benutzung von Wegen als Leitlinien
Die Benutzung von Wegen hat zwei unbestreitbare Vorteile: sie verhindern – insbesondere, wenn sie markiert sind – ein Verirren in unübersichtlichem Gelände und sie ermöglichen ein rasches, hindernisfreies Vorankommen.

Zahlreiche Ameisenarten (z. B. viele Waldameisenvölker, die Ernteameisen, die Blattschneiderameisen, die Glänzendschwarze Holzameise) legen rings um ihre Nester Straßen an, auf denen die Außendienstarbeiterinnen auslaufen und wieder zurückkehren. Solche Straßen können sehr lang sein (bei Waldameisen erreichen sie in extremen Fällen Längen bis zu 150 m und mehr); sie verzweigen sich in immer mehr Seitenäste, wobei die Straßenbreite und Belaufstärke immer geringer werden. Über die nestnahen Abschnitte solcher Straßen laufen bei individuenstarken Völkern pro Minute viele Dutzende von Ameisen, wodurch richtige „Trampeltrassen“ entstehen, die keine Vegetation mehr tragen und darüber hinaus durch die Ameisen von Laufhindernissen (etwa von abgefallenen Vegetabilien) befreit werden. Nicht selten entstehen sogar durch die Laufaktivität der Ameisen gut sichtbare, einige Zentimeter breite „Hohlwege“. Umgestürzte Baumstämme, die quer über einem Wassergraben liegen, werden nicht selten von den Ameisen als willkommene Brücken genutzt. Auch sonst können Ameisenstraßen auf der Oberseite liegender Baumstämme entlang führen – speziell dann, wenn der Boden infolge seiner Oberflächenbeschaffenheit die Ameisen beim Laufen stark behindert.

Ameisenstraßen finden sich nicht nur am Boden, sondern auch an stehenden Bäumen. Obgleich hier wegen der Härte der Rinde meist keine ausgetretenen Wege entstehen, gibt es offensichtlich unsichtbare Leitlinien, auf denen sich die Ameisen fortbewegen. Reibt man mit einem Radiergummi einige Male quer zur Laufrichtung der Ameisen über die oberste Rindenschicht, zeigen sich die an dieser Stelle ankommenden Ameisen deutlich desorientiert: sie haben offensichtlich Schwierigkeiten, die Rubbelzone zu überqueren, prallen wie vor einer unsichtbaren Mauer zurück, führen Suchläufe aus und „überwinden sich“ erst nach einigen Sekunden, in der ursprünglichen Richtung weiterzulaufen. Die Deutung dieses merkwürdigen Verhaltens ist einfach: Ameisenstraßen werden in der Regel mit Spurstoffen markiert; entfernt man diese, müssen erst wieder einige Ameisen über die „entduftete“ Stelle laufen, um die zerstörte „Duftschiene“ zu reparieren.

Ameisenstraßen sind also für die Ameisen Leitlinien, die geruchlich, zusätzlich vielleicht auch taktil (glatter Untergrund!) wahrgenommen werden. Manche Straßen werden nur einige Tage oder Wochen lang belaufen, andere über mehrere Monate oder sogar Jahre hinweg. Die duftliche Markierung dieser Leitlinien ist äußerst vorteilhaft: zum einen erlaubt sie auch eine Orientierung in dunkler Nacht, zum andern können durch Duftstoffe gekennzeichnete Wege bei plötzlich eintretenden Veränderungen der Umweltsituation rasch stillgelegt werden. Duftmarken werden ja nach kurzer Zeit unwirksam, wenn sie nicht fortwährend erneuert werden.

2. Möglichkeit: Die Nutzung des „Sonnenkompasses"
Ein Mensch, der in einer wegelosen, gleichförmig aussehenden Umgebung (z. B. in einer Wüste) in eine bestimmte Richtung laufen will, kann dies bei Fehlen eines Kompasses nur tun, wenn er sich – unter Berücksichtigung der Tageszeit – am Sonnenstand orientiert.

Interessanterweise gibt es eine Ameisengattung, die eine recht ähnliche Orientierungsaufgabe meistern muss: die Wüstenameise *Cataglyphis.* Diese Ameisen leben an extrem heißen Wüsten-Standorten; sie ernähren sich von Beutetieren, die durch die Hitze in diesem Lebensraum zugrunde gegangen sind. Zum Nahrungserwerb suchen die Arbeiterinnen im Umkreis von etwa 200 m rings um das Nest nach Hitzeopfern; sie führen dabei schlingenförmige Suchläufe nach verschiedenen Richtungen aus. War ihre Suche erfolgreich, kehren sie mit dem gefundenen Beuteobjekt *auf dem kürzesten Weg* zum Nest zurück. Offensichtlich sind sie zu jedem Zeitpunkt wohlinformiert, wo sie sich gerade in Bezug auf den Nistort befinden.

Da der Lebensraum von *Cataglyphis* optisch extrem einförmig ist, scheidet eine Orientierung nach auffälligen Geländemarken aus. Als Orientierungshilfe wird deshalb die Sonne benutzt. Ist diese durch eine Wolke verdeckt, liefert das Polarisationsmuster des Himmelslichtes die benötigten Informationen. Dass die Wüstenameise bei ihrer Orientierung völlig von der Sonne abhängig ist, zeigte sich während einer totalen Sonnenfinsternis: solange diese anhielt, verharrten die sonst so agilen Futtersucherinnen regungslos am gleichen Ort.

Ein anderes sehr eindrucksvolles Beispiel für eine Sonnenkompass-Orientierung ist schon 1911 bei der Ernteameise *Messor barbarus* entdeckt worden. Diese im Mittelmeerraum beheimateten Ameisen transportieren die gesammelten Körner auf mehr oder weniger gut ausgeprägten Straßen zum Nest; für ihre *Lauf-*

richtung scheint dabei der Sonnenstand von entscheidender Bedeutung zu sein. Dies zeigt ein „hinterhältiger" Versuch, den ein Ameisenforscher durchgeführt hat: Er stellte in die Einfallsrichtung der Sonnenstrahlen einen großen Schirm, der den heimkehrenden Körnerträgern den Blick auf die Sonne verstellte; gleichzeitig reflektierte er mit Hilfe eines Spiegels die Sonne von der genau gegenüberliegenden Seite auf die Ameisen. Das Ergebnis war verblüffend: Die so getäuschten Ameisen machten eine Kehrtwendung um 180° und liefen in die Richtung, aus der sie gekommen waren! Durch diese Drehung erreichten die Ameisen, dass die (eingespiegelte) Sonne aus der „richtigen" Richtung auf den Körper traf – ihre Welt war (wenn auch nur scheinbar) wieder in Ordnung!

Wie weitere Versuche zeigten, kann man Ernteameisen mit Hilfe eines Spiegels in jede beliebige Richtung lenken. Dies beweist, dass diese Insekten im Freien beim Laufen einen bestimmten Winkel zur Sonne einhalten („Lichtkompass-Orientierung"). Dies mag auf den ersten Blick erstaunen, denn die Sonne verändert im Tagesverlauf ständig ihre Position. Ohne Zweifel sind Lichtkompass-Benutzer in der Lage, den wechselnden Sonnenstand einzukalkulieren und den Laufwinkel zur wandernden Sonne fortwährend um den entsprechenden Betrag zu verändern. Diese Fähigkeit muss jedoch von den noch unerfahrenen Jungtieren erst erlernt werden.

Es gibt Ameisenarten – unter ihnen die Waldameisen –, bei denen der geschilderte Spiegelversuch mißlingt, obwohl sich die betreffenden Arten nachweislich in bestimmten Situationen nach der Sonne orientieren. Wenn nämlich der eingespiegelte Sonnenstand und das (tatsächliche) Polarisationsmuster des Himmels um 180° auseinanderklaffen, „glauben" die Ameisen mehr dem polarisierten Licht und lassen sich nicht bluffen. Dieser Befund unterstreicht die Bedeutung, welche das Polarisationsmuster des Himmels für die Lichtkompass-Orientierung der Ameisen hat.

Noch ein ergänzender Hinweis: Manche Ameisenarten – auch hier sind die Waldameisen wieder als Beispiel zu nennen – vermögen, zumindest unter experimentellen Bedingungen, auch den Mond als Kompass zu benutzen. Wie stark diese Möglichkeit – insbesondere beim Vorhandensein anderer Orientierungshilfen (Duftspuren z. B.) – genutzt wird, ist noch nicht genügend erforscht.

3. Möglichkeit: Das Zurechtfinden mit Hilfe von Landmarken
„Landmarken" – d. h. auffällige, weithin sichtbare Objekte in unserer Umgebung – können uns Menschen sowohl in der Natur wie in der Stadt wichtige Orientierungshilfen sein. Wichtige Voraussetzungen dafür sind unser hervorragendes Sehvermögen und unser leistungsfähiges Gedächtnis.

Ameisen sind – dies wurde schon ausführlich dargelegt – mit Augen ausgestattet, die hinsichtlich ihrer Sehschärfe den unseren weit unterlegen sind. Immerhin sind sie in der Lage, optisch sehr auffällige Strukturen wenigstens schemenhaft wahrzunehmen: größere helle Flächen (Lücken im Kronendach eines Baumbestandes), dunkle Silhouetten (alleinstehende Bäume), senkrechte Strukturen (Baumstämme), aber auch optisch auffällige Gegenstände (Steine, Grasbüschel, Holzstücke) neben Ameisenstraßen oder in der Umgebung des Nestes.

Als Beispiel für eine Orientierung nach optischen Merkmalen der Umgebung sei eine afrikanische Stachelameise *(Pachycondyla tarsata)* angeführt. Die Außendienstarbeiterinnen dieser Art prägen sich offensichtlich das Muster an Ästen und Blattwerk ein, das sie bei ihren Streifzügen durchs Gelände über sich sehen. Fotografiert man solche Orientierungsmarken mit einem Weitwinkelobjektiv und hängt das stark vergrößerte Bild waagerecht über die Jagd-Arena einer Laborkolonie, kann man durch Drehen des Bildes die Laufrichtung der heimkehrenden Ameisen in einem dem Drehwinkel entsprechenden Ausmaß ändern.

Eine Orientierung nach Landmarken ist u. a. auch bei Waldameisen nachgewiesen, wobei diese allerdings gleichzeitig andere Orientierungshilfen (Sonnenstand, Duftspuren usw.) nutzen. Das komplizierte Zusammenwirken aller Orientierungsmechanismen ist noch wenig untersucht, deshalb sei hier eine Spekulation erlaubt: Es ist denkbar, dass eine Außendienstarbeiterin, die das Nest verlässt, mit Hilfe des Sonnenstandes zunächst die Himmelsrichtung findet, in welche die Straße führt, auf der sie auslaufen will. Landmarken könnten dann der Ameise hilfreich sein, von der Haupttrasse an einer bestimmten Stelle abzuzweigen. Duftspuren schließlich könnten den Weg zu einer bestimmten Nahrungsquelle, etwa einer Rindenlausherde weisen. Beim Zurechtfinden am Baum dürften zusätzlich Schwerkraftwahrnehmungen von Bedeutung sein (letztere spielen sicher eine zentrale Rolle bei baumbewohnenden Arten, wie sie häufig in tropischen Urwäldern zu finden sind).

Die verschiedenen Orientierungsweisen ergänzen sich nicht nur gegenseitig, sie können sich im Notfall auch bis zu einem gewissen Ausmaß gegenseitig ersetzen. In dunklen Nächten z. B. muss eine Ameise auf optische Wahrnehmungen verzichten und stärker auf andere Orientierungsmechanismen „umschalten" – ggf. auf Kosten der Geschwindigkeit, mit der sie ans Ziel kommt.

Abschließend: Den Ameisen steht ein großes Spektrum an Orientierungsmöglichkeiten zur Verfügung. Welche davon genutzt werden, ist von Situation zu Situation unterschiedlich, aber auch von Art zu Art, da die Leistungsfähigkeit der Sinnesorgane artspezifisch unterschiedlich ist. Die Fähigkeit, sich zurechtzufinden, ist allerdings nicht nur an den Besitz geeigneter „Navigationsinstrumente" gebunden, sondern in mindestens ebenso hohem Maß an ein gut entwickeltes Lernvermögen. Dass Ameisen sehr lernfähige Tiere sind, ist durch zahlreiche Untersuchungen belegt; ihr Erfolg bei der Besiedlung der verschiedensten Lebensräume unserer Erde ist nicht zuletzt durch diese Eigenschaft bedingt.

VI. Ordnung ohne Obrigkeit

Einem Waldameisenvolk bei seinem geschäftigen Treiben zuzusehen, ist immer wieder faszinierend: Da gibt es eine Vielzahl von Individuen, die Baumaterial eintragen, andere schleppen – oft zu zweien oder dreien – erbeutete Insekten zum Nest. Wieder andere machen sich am Nesthügel zu schaffen, etwa um die Zugänge zur Kuppel zu erweitern oder zu verkleinern. Dazwischen gibt es welche, die Puppen oder Larven umhertragen oder leere Puppenhüllen und Abfälle aus dem Wohnbereich entfernen. Und schließlich gibt es auch Individuen, die in die Schuhe oder Strümpfe des menschlichen Beobachters, der dem Nest zu nahe gekommen ist, beißen und ihn durch Verspritzen von Säure zu vertreiben versuchen. All dies macht den Eindruck eines sehr sinnvollen Zusammenwirkens zum Wohle der Gemeinschaft – und ist es sicher auch! Dabei muss allerdings einschränkend angemerkt werden, dass auch in einem Ameisenstaat nicht alles hundertprozentig klappt. Nicht alle Individuen „ziehen an einem Strang", aber trotz einer gewissen Zahl an „Querköpfen" funktioniert ein solches Gemeinwesen erstaunlich gut.

Ein (zumindest unter normalen Umständen) geordnetes Zusammenleben ist uns Menschen von unseren eigenen Staaten her wohlvertraut – wobei allerdings ein mehr oder minder großer Teil dessen, was ein Individuum tut (oder lässt), „von oben" (vom Vorgesetzten bis hin zur politischen Führung eines Staates) bestimmt und überwacht wird. Menschliche Gemeinschaften ohne irgendwelche Hierarchien gibt es praktisch nicht – dies drängt uns die fast schon an Gewissheit grenzende Vermutung auf, dass auch ein Ameisenstaat nicht auf eine das Zusammenleben steuernde „Obrigkeit" verzichten kann.

1. Weshalb der Ameisenstaat keine Monarchie ist

Die Tatsache, dass es in einem Ameisenvolk eine oder mehrere „Königinnen" gibt, scheint uns bei unserer Suche nach der lenkenden Instanz rasch fündig werden zu lassen. Wir Menschen verbinden ja mit der Bezeichnung „König" die Vorstellung von einem mächtigen Herrscher, der (zumindest in früheren Jahrhunderten) in einem Volk „das Sagen hatte" und oft mit blutiger Strenge darüber wachte, dass seinen Anweisungen bedingungslos Folge geleistet wurde.

Dieses Bild eines Staatenlenkers auf Ameisen-"Königinnen" zu übertragen, ginge völlig an der biologischen Realität vorbei. Gewiss: Königinnen sind im Leben eines Volkes von zentraler Bedeutung: sie sind die alleinigen Stammmütter, von denen unter normalen Umständen alle Individuen eines Volkes abstammen und ohne die ein Volk nicht weiterbestehen kann. Und Königinnen können auch in bescheidenem Maße ihr Volk beeinflussen: sie können einen Teil des Futterstromes auf sich lenken, und sie können durch Abgabe bestimmter Stoffe die Arbeiterinnen daran hindern, fruchtbar zu werden. Ansonsten aber haben sie keinerlei „Regierungsfunktionen". Sie sind Eierlegerinnen, die durch ihre Aufgabe voll ausgelastet sind und die es sich nicht leisten können, Energie in andere Tätigkeiten zu investieren.

Eine Königin, die auf eine so wichtige Aufgabe fixiert, darüber hinaus im Nest „eingesperrt" und uninformiert ist, kann sicher keine gezielten Anweisungen für die zahllosen Situationen geben, die ein Ameisenvolk bei der Nahrungsbeschaffung, beim Nestbau, bei der Verteidigung des Volkes oder bei bedrohlichen Umweltveränderungen bewältigen muss. Ganz abgesehen davon, dass eine so gewaltige intellektuelle Aufgabe das nicht einmal 1 mm^3 große Gehirn einer Ameise sicher überfordern würde (Die Gehirnmasse eines Menschen ist ca. 1,4 millionenmal so groß!). Im Übrigen ist das Gehirn einer Ameisenkönigin vor allem in den Bereichen, die das Sozialverhalten steuern, deutlich weniger entwickelt als das einer Arbeiterin.

Fazit: Der Ameisenstaat ist keine Monarchie. Die „Königin" der Ameisen ist für das Regieren nicht geschaffen – sie ist die Mutter des Volkes, nicht dessen Regentin. Wie aber wird dann das Zusammenleben gesteuert?

So unglaubhaft es auf den ersten Blick klingen mag: Die sinnvolle Zusammenarbeit der Arbeiterinnen eines Ameisenvolkes ist ihrer sozialen Prägung zu verdanken. Dies lässt sich am ehesten verstehen, wenn man sich an einige Grundvoraussetzungen erinnert, die auch für das Miteinander in menschlichen Gemeinschaften unverzichtbar sind:

- Es muss Richtlinien – oder in unserer menschlichen Terminologie ausgedrückt – „*Gesetze*" geben, welche den Handlungsspielraum des Einzelnen festlegen.
- Zwischen den Individuen einer Gemeinschaft muss *Arbeitsteilung* herrschen.

- Da zahlreiche Aufgaben von einer Gemeinschaft nur durch die Zusammenarbeit vieler Individuen bewältigt werden können, muss es die Möglichkeit eines *Informationsaustausches* geben, insbesondere dann, wenn unerwartet auftretende Situationen ein rasches Handeln erfordern.

Inwieweit sind im Ameisenstaat diese Voraussetzungen gegeben?

2. Grundlagen des Zusammenlebens

2.1 „Grundgesetz" des Handelns: das Erbgut

Die „Gesetze", welche das Handeln der Ameisen bestimmen, sind für viele Situationen (sicher nicht für alle) in den Erbanlagen dieser Tiere verankert. Durch die Gene wird vieles von dem, was eine Ameise tut, vorgegeben, z. B. die Ernährungsweise, die Art des Nestbaues, der Zeitpunkt der Brutaufzucht und des Hochzeitsfluges, nicht zuletzt der Handlungsspielraum, wie bestimmte Umweltreize beantwortet werden.

Alle diese Eigentümlichkeiten der Lebensweise sind ebenso erblich fixiert wie die Besonderheiten des Körperbaues – wobei Körperbau und Verhalten sehr sinnvoll aufeinander abgestimmt sind. Einer Blattschneiderameise ist das Eintragen von Blattstücken für die Anlage von Pilzgärten von ihrem Erbgut vorgegeben – ebenso wie der Besitz scherenförmiger Oberkiefer, ohne die ein Abschneiden von Blattstücken nicht möglich wäre.

2.2 Die Arbeitsteilung

Obgleich alle Individuen in einem Ameisenvolk das Erbgut der Art, der sie angehören, in sich tragen, verhalten sie sich doch recht unterschiedlich. Ein Beispiel möge dies verdeutlichen: Die zahllosen Waldameisen, die zu einem bestimmten Zeitpunkt außerhalb ihres Nestes im Gelände unterwegs und die alle den gleichen Umweltreizen ausgesetzt sind, nutzen diese Umwelt in ganz unterschiedlicher Weise zum Wohle ihres Volkes: Ameise A, die am Rande einer Ameisenstraße auf eine dort liegende

Fichtennadel stößt, kann – vermenschlicht gesprochen – diesem Reiz nicht widerstehen, packt zu und schleppt das gefundene Pflanzenteilchen als Baumaterial zum Nest. Ameise B ist kurz zuvor an derselben Fichtennadel vorbeigelaufen, ohne von ihr Notiz zu nehmen; sie strebt zielgerichtet einem Baum zu, auf dem eine Läuseherde süße Nahrung verspricht. Für Ameise C, die auf dem gleichen Baum wie Ameise B umherläuft, sind offensichtlich Läuse uninteressant; sie sucht nach erbeutbaren Insekten. Ähnliche Unterschiede im Tun könnte man auch bei den Innendiensttieren beobachten: manche von ihnen tragen Abfälle aus dem Nest, andere pflegen die Brut, wieder andere legen neue Nestkammern an usw. Ganz offensichtlich gibt es im Ameisenvolk eine sehr ausgeprägte Arbeitsteilung, wie wir sie auch aus der menschlichen Gesellschaft kennen, wo jeder einen bestimmten Beruf ausübt. Nicht alle Individuen eines Ameisenvolkes gehen allerdings einem „Beruf" nach: es gibt auch dort – das haben individuelle Markierungen gezeigt – „Nichtstuer", die – gehässig ausgedrückt – ihre Zeit mit „Herumlungern" verbringen.

Die Fixierung auf eine bestimmte Tätigkeit ist bei Ameisen keineswegs absolut: Viele Individuen üben nebeneinander oder in kurzfristigem Wechsel mehrere Tätigkeiten aus. Es gibt indessen auch sehr arbeitsstete Arbeiterinnen; so wurden bei Waldameisen Läusebesucher beobachtet, die über fast eineinhalb Monate hinweg nahezu täglich zur gleichen Läuseherde auf einem bestimmten Baumast kamen. Eine solche Spezialisierung hat durchaus ihre Vorteile: eine gut vertraute Arbeit kann durch Vermeiden von „Leerlauf" besonders zeit- und energiesparend ausgeführt werden.

Wenn ein Individuum mehrere Tätigkeiten gleichzeitig ausübt, bleibt es dabei im allgemeinen innerhalb eines der beiden Haupttätigkeitsbereiche „Innendienst" bzw. „Außendienst". Bei Waldameisen, die in dieser Hinsicht gut untersucht sind, sind die Jungtiere vorzugsweise im Innendienst tätig, die Alttiere dagegen im Außendienst (Gleiches ist übrigens auch von den Honigbienen bekannt). Wann der Übergang vom Innendienst zum Außendienst erfolgt, lässt sich zeitlich nicht streng definieren: Bei manchen Individuen ist dies schon wenige Wochen nach dem

Schlüpfen aus der Puppe der Fall, bei anderen erst im darauffolgenden Frühjahr. Der Wechsel von der Innendienst- zur Außendienst-Tätigkeit ist offensichtlich an morphologisch-physiologische Veränderungen im Körper der Arbeiterin gebunden; diese können bei Arbeiterinnen, die erst zum Herbst hin schlüpfen, durch die winterliche Stoffwechselabsenkung stark verzögert werden.

Wie lässt sich der altersbedingte Wechsel der Tätigkeit erklären? Dazu sei zunächst an ein bekanntes Faktum aus der Genetik erinnert: Viele Erbanlagen sind nicht zeitlebens „eingeschaltet", sondern nur in bestimmten Phasen. Auf erblich fixierte Verhaltensweisen bezogen bedeutet dies, dass ein bestimmtes Verhalten an einen bestimmten Lebensabschnitt gebunden sein kann – die geschilderten Gegebenheiten bei den Waldameisen sind ein gutes Beispiel dafür. Da in einem Waldameisenvolk in jedem Jahr neue Jungtiere heranwachsen, ist – auch ohne Steuerung durch eine Obrigkeit – für eine Mischung verschiedener Altersstufen gesorgt, welche die ihrer Lebensphase entsprechenden Tätigkeiten im Innen- oder Außendienst übernehmen können.

Die Tatsache, dass es in einem Ameisenvolk gleichalte Tiere gibt, die auf unterschiedliche Tätigkeiten spezialisiert sind, spricht dafür, dass es neben dem Alter noch andere Faktoren gibt, welche über den „Beruf" einer Ameisenarbeiterin entscheiden. Ein solcher Faktor ist ohne Zweifel die gestaltliche Ausprägung eines Individuums. Wie bereits an anderer Stelle erläutert wurde, gibt es bei Ameisen – von Art zu Art unterschiedlich stark entwickelt – das Phänomen des Polymorphismus, der Vielgestaltigkeit. Ein klassisches Beispiel dafür sind die Blattschneiderameisen, deren Arbeiterinnen eine erstaunliche Variationsbreite in der Körpergröße zeigen (die Kopfbreite der größten Individuen ist mehr als 6mal so groß wie die der kleinsten!); dazu kommen noch recht unterschiedliche Ausformungen des Kopfes. Die Tätigkeit, die eine Blattschneiderameise ausübt, zeigt eine deutliche Abhängigkeit von ihrer morphologischen Ausstattung: Große Individuen sind auf andere Aufgaben spezialisiert als mittelgroße oder kleine.

Auch von vielen anderen Ameisenarten sind Fixierungen auf

eine spezielle Tätigkeit, bedingt durch Besonderheiten des Körperbaues, bekannt. Alter und Körpergestalt sind also zwei Schlüsselfaktoren, die uns besser verstehen lassen, weshalb es im Ameisenvolk verschiedene „Berufe“ gibt. Auf alle Fragen, die sich uns im Zusammenhang mit der Arbeitsteilung stellen, vermögen sie uns jedoch keine Antwort zu geben. So erklären sie z. B. nicht, weshalb es auch unter Arbeiterinnen, die in Alter und Gestalt völlig identisch sind, unterschiedliche Vorlieben für bestimmte Tätigkeiten gibt.

Verstehbar ist dieses Phänomen – wenigstens z. T. – durch die Tatsache, dass die Individuen eines Volkes hinsichtlich ihres Erbgutes nicht völlig identisch sind. Dies gilt in besonderem Maße für Völker mit mehreren Königinnen, aber selbst bei Abstammung von einer einzigen Königin gibt es genetische Unterschiede bei den Nachkommen. Auch die Kinder eines menschlichen Elternpaares stimmen ja – von eineiigen Zwillingen abgesehen – hinsichtlich ihrer Erbanlagen nur teilweise überein. Im Ameisenstaat ist die Neigung, etwas Bestimmtes zu tun – etwa die Brut zu pflegen –, bei verschiedenen Individuen unterschiedlich stark ausgeprägt. Solche Veranlagungen spielen sicher eine Rolle bei der Wahl der ausgeübten Tätigkeit, aber auch die jeweilige Umweltsituation ist hier von großer Bedeutung. Wenn z. B. das Nest beschädigt wird, veranlasst dieses bedrohliche Ereignis viele Arbeiterinnen, die sonst eine andere Dienstleistung für das Volk erbringen, als „Bauhandwerker“ tätig zu werden. Besonders leicht fällt es in solchen Notsituationen offensichtlich den sog. Nichtstuern helfend einzuspringen – vielleicht, weil sie von ihrer Veranlagung her unter normalen Bedingungen wenig Neigung verspüren, etwas ganz Bestimmtes zu tun (eine allzu ausgeprägte Vorliebe für ein bestimmtes Tun ist einem Tätigkeitswechsel eher hinderlich). Aus dieser Sicht sind die (zeitweiligen) Nichtstuer im Ameisenvolk keineswegs überflüssige Faulenzer, sondern ein rasch verfügbares Arbeitspotenzial für außergewöhnliche Fälle.

Fassen wir zusammen: Ein Ameisenvolk kann nur existieren durch eine gut funktionierende Arbeitsteilung. Die dafür erforderliche Vielfalt an Berufen wird gewährleistet

- durch einen altersbedingten Wechsel der Tätigkeit vom Innendienst zum Außendienst;
- durch die morphologische Spezialisierung bestimmter Individuen, die sie in die Lage versetzt, bestimmte Aufgaben besonders gut zu erfüllen;
- durch die unterschiedliche genetische Ausstattung der Individuen eines Volkes, die sich in verschieden starken Neigungen zur Ausübung einer bestimmten Tätigkeit äußert;
- und durch die Fähigkeit der Arbeiterinnen, den jeweiligen Bedürfnissen eines Volkes entsprechend die Tätigkeit zu wechseln.

2.3 Kooperation durch gegenseitige Verständigung

Wechselnde Umweltsituationen sind in der Welt der Tiere gang und gäbe. Wir brauchen dabei gar nicht an Katastrophenfälle zu denken: das Wetter, das Nahrungsangebot und vieles Andere mehr ändern sich täglich, ja stündlich und manchmal sogar von einer Minute auf die andere. Damit ein Insektenstaat in einer solch instabilen Umwelt erfolgreich bestehen kann, muss er rasch auf neue Gegebenheiten reagieren können. Dies ist nur dann möglich, wenn Mitglieder dieses Staates, die solche Änderungen der Umweltsituation erkennen, ihre Wahrnehmungen anderen signalisieren können und wenn dann durch die übertragenen Botschaften ein sinnvolles und gemeinsames Handeln ausgelöst wird.

Wir Menschen verständigen uns primär durch Worte; diese Art der Kommunikation ist den Ameisen nicht möglich. Aber es gibt ja noch andere Wege der Informationsübermittlung – auch bei uns Menschen: durch bestimmte Gebärden, durch akustische Botschaften (Buschtrommeln mancher Naturvölker) und – wie neuere Forschungen gezeigt haben – auch durch vielfach unbewußt wahrgenommene chemische Signale, z. B. bei der Wahl des Partners. Bei Ameisen gibt es nur nichtverbale Signale, wobei vor allem *ein* Kommunikationsweg eine überragende Bedeutung hat: die *Verständigung durch chemische Signale*. Daneben gibt es aber auch eine *Informationsübermittlung durch bestimmte Bewegungen* und *durch akustische Botschaften*.

Die chemische Verständigung
Das Prinzip dieser Verständigungsart ist rasch erklärt: Das Individuum, das ein Signal aussenden will, sondert einen chemischen Botenstoff nach außen ab; die abgegebene Substanz wird – meistens als Duftstoff – von einem zweiten Individuum wahrgenommen und löst bei diesem eine bestimmte Reaktion aus. Stoffe, die auf dem geschilderten Wege Informationen übertragen, werden im wissenschaftlichen Sprachgebrauch als *Pheromone* bezeichnet.

Pheromone werden in bestimmten Drüsen des Ameisenkörpers gebildet. Der Vielzahl an chemischen Verständigungsmöglichkeiten entspricht eine ebensolche Vielfalt an Drüsen in den verschiedensten Körperregionen (einschließlich der Beine). Manche dieser Drüsen finden sich nur bei bestimmten Ameisenarten, andere sind weitverbreitet, zeigen aber in der Zusammensetzung und Wirkung der Sekrete artspezifische Besonderheiten (die „Duftsprache" der Ameisen zielt nur auf Artgenossen!).

Pheromone dienen z. B. dazu, Artgenossen auf Gefahren oder Nahrungsquellen aufmerksam zu machen und sie spielen als Sexuallockstoffe eine wichtige Rolle beim Zueinanderfinden der Geschlechtspartner.

Beispiele für Pheromone und ihre Wirkungen sind:

Gefahrenalarm-Pheromone
Ihre Aufgabe ist es, die Nestgefährten schnell auf eine Gefahrenquelle, z. B. auf einen tierischen Feind, aufmerksam zu machen und das für die Abwehr nötige Aggressionsverhalten auszulösen. Waldameisen verspritzen in dieser Situation aus ihrer im Hinterleib gelegenen Giftdrüse Ameisensäure; sofortiges aufgeregtes Umherlaufen der in der Nähe befindlichen Arbeiterinnen und Anspritzen des Feindes mit Säure zeigen die schnelle Wirkung dieser Alarmierungsmethode.

Beutealarm-Pheromone
Viele Nahrungsquellen der Ameisen sind nur kurzfristig verfügbar. Insbesondere Arten, die sich als Jäger ernähren, sind darauf angewiesen, rasch zu handeln, wenn plötzlich Beuteobjekte entdeckt werden – nicht zuletzt auch, um Nahrungskonkurrenten

zuvorzukommen. Kundschafterameisen, die fündig geworden sind, müssen daher die „gute Botschaft" – als Duftsignal verschlüsselt – möglichst schnell an andere weitergeben.

So wird z. B. bei Waldameisen die Säure, die eine Arbeiterin beim Angriff auf ein Beutetier verspritzt, von anderen Jägerinnen, die sich in der Nähe befinden, geruchlich wahrgenommen und veranlasst diese, herbeizulaufen und ggf. helfend in den Kampf einzugreifen. So wird ein Entkommen des Opfers wirksam verhindert.

Wenn eine sehr ertragreiche Nahrungsquelle entdeckt worden ist, legen Ameisen oft auf dem Rückweg zum Nest Duftspuren, die dann anderen Außendiensttieren als Wegmarkierung dienen (Abb. 13). Zum Anlegen solcher „Duftpfade" genügen geringste Mengen der Spursubstanz: Bei der Ameise *Solenopsis richteri* z. B. genügt schon eine Menge von 10^{-14} g/cm, um Spurfolgeverhalten auszulösen, d. h., mit einem einzigen Gramm dieser Substanz könnte man eine Strecke von 1 Milliarde km markieren! Die Wirkung von Spursubstanzen hält oft nur kurze Zeit an – das ist jedoch kein Nachteil, denn solange eine Futterquelle ergiebig ist, wird die Duftspur von den zurückkehrenden Ameisen ständig erneuert. Erst wenn das Nahrungsangebot erschöpft ist, unterbleibt die Absonderung von Spursubstanzen. Umgekehrt gibt es Ameisenarten, die – wie die Glänzendschwarze Holzameise – relativ beständige Duftspuren legen; dies ist dann sehr sinnvoll, wenn der Weg zu Nahrungsquellen gewiesen werden soll, die über einen längeren Zeitraum fließen, wie dies bei den Honigtau ausscheidenden Rindenlausherden der Fall ist.

Sonstige Pheromonwirkungen

Wie auch anderswo in der Tierwelt spielen bei den Ameisen Sexualpheromone eine wichtige Rolle bei der Partnerfindung (vgl. Kap. VII). Ein anderes Pheromon, das von der Königin abgegeben wird, führt zur Bildung eines „Hofstaates", der die Königin pflegt. Die Larven bestimmter Ameisenarten scheiden Botenstoffe aus, welche die Arbeiterinnen zur Futterbeschaffung stimulieren.

Die Fülle aller chemischen Verständigungsweisen, die bereits

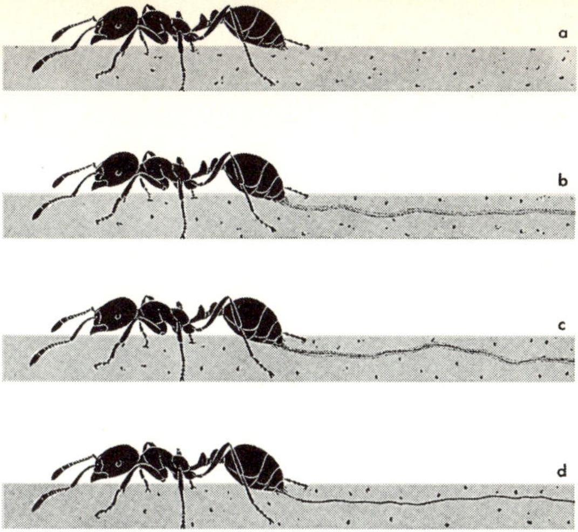

Abb. 13: Rückkehr einer Feuerameisenarbeiterin zum Nest nach der Futtersuche. Wurde keine lohnende Nahrungsquelle gefunden (a), unterbleibt eine spezielle Wegmarkierung. Für ergiebige und nahegelegene Futterstellen werden mit steigender Qualität folgende Markierungsarten eingesetzt: Ziehen einer Spur mit Haaren an der Hinterleibsspitze (b), zusätzlich schwache Stachelspur (c) und starke Stachelspur (d) (nach Hangartner 1969 aus Hölldobler 1970).

bekannt sind, hier zu schildern ist völlig unmöglich. Die überragende Bedeutung dieser Verständigungsart im Sozialleben der Ameisen ist wohl vor allem durch eine Reihe von Vorteilen bedingt: Chemische Signale erreichen gleichzeitig *mehrere Individuen*, sie funktionieren selbst in völliger Dunkelheit und sie wirken vielfach über eine gewisse Distanz. Je nach der Flüchtigkeit eines Pheromons kann es für eine nur kurzfristige Signalübertragung (Gefahrenalarm) oder für eine länger wirkende Informationsübermittlung (bestimmte Spurstoffe) verwendet werden. Andererseits hat die chemische Verständigung auch einige Nachteile: Die Informationsübermittlung kann durch den Wind beeinflusst werden; auch vermögen Duftstoffe nicht durch sehr feste Kammerwände im Nest zu dringen.

Die Verständigung durch bestimmte Verhaltensweisen
Eine Übermittlung von Botschaften durch bestimmte Gebärden oder Zeichen gibt es auch beim Menschen (Beispiel: Heranwinken eines Anderen). Ameisen nutzen diese Art der Verständigung in vielen Situationen, z. B. wenn sie um Futter betteln oder wenn sie Artgenossen veranlassen wollen, zu einer aufgefundenen Futterquelle oder einem neuen, besseren Nestplatz mitzukommen. Das Prinzip der Botschaftsübermittlung ist in all diesen Fällen ähnlich: Das signalsendende Individuum führt – meist in mehr oder minder engem Körperkontakt mit einem anderen Artgenossen – bestimmte Bewegungen aus und löst dadurch bei seinem Partner eine bestimmte Reaktion aus.

Beispiel 1: Futterbettelverhalten
Diese bei Ameisen weitverbreitete Verhaltensweise dient dazu, Artgenossen, deren Kropf gefüllt ist, zum Regurgitieren, d. h., zur Abgabe eines Teils ihres Kropfinhaltes zu veranlassen. Eine hungrige Ameise, die einer erfolgreichen Futterholerin begegnet, betrommelt deren Kopf mit raschen Fühlerschlägen und streichelt gleichzeitig mit ihren Vorderbeinen deren Mundregion; auf diesen Reiz hin lässt die Futterholerin einen aus dem Kropf hervorgewürgten Tropfen nährstoffhaltiger Flüssigkeit aus der Mundöffnung austreten; dieser wird von der hungrigen Artgenossin begierig aufgeleckt – ein besonders beeindruckendes Beispiel sozialen Verhaltens!

Beispiel 2: Anwerbung von Artgenossen zum Nestumzug
Wenn – z. B. bei Waldameisen – ein Nestumzug erforderlich wird, halten Kundschafterameisen („Scouts") nach einem neuen, besseren Nestplatz Ausschau. Ist eine Ameise bei ihrer Suche fündig geworden, kehrt sie zum Nest zurück, „rempelt" eine Nestgefährtin an und fordert sie so auf, eine Haltung einzunehmen, die zum Tragen günstig ist; dann bringt sie die eingerollte Nestgefährtin zum neuen Nestplatz. Ist die getragene Ameise von der Qualität des neuen Platzes überzeugt, wird sie nach ihrer Rückkehr ins Nest ihrerseits eine andere Arbeiterin anrempeln und zum neuen Nestplatz tragen. Durch ständige Wiederho-

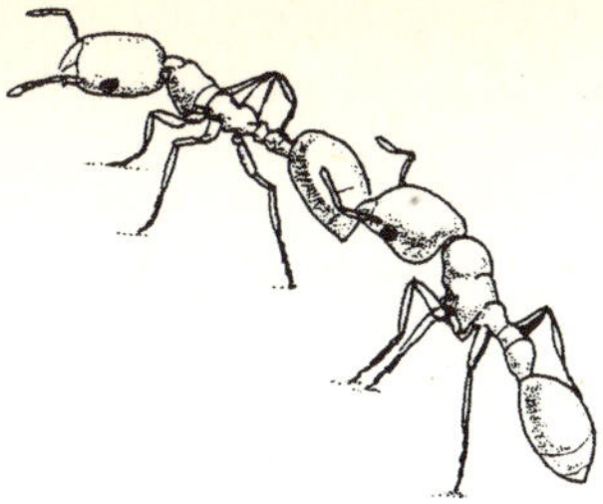

Abb. 14: Zwei Ameisenarbeiterinnen (*Harpagoxenus sublaevis*) im Tandem-Lauf (aus Buschinger 1999).

lung greift dieses Verhalten auf immer mehr Individuen über („Schneeballsystem") und führt schließlich zum Umzug des Volkes.

Beispiel 3: Tandem-Laufen
Bei dieser Verhaltensweise laufen zwei Ameisen in engem Kontakt durch das Gelände – vorneweg eine ortskundige Arbeiterin, dicht dahinter eine mit der Lage des Zieles noch nicht vertraute Nestgenossin (Abb. 14). Die hinten befindliche Ameise hält über ihre Fühler mit dem Hinterleib der Führerin ständig Kontakt; reißt dieser Kontakt aus irgendwelchen Gründen ab, lässt die Führerin aus ihrem Stachel ein Sekret austreten; das entstehende Duftfeld lockt die verlorene Nachläuferin an und ermöglicht so eine Wiederherstellung des taktilen Kontaktes. Das Tandem-Laufen wird von recht verschiedenen Ameisenarten, aber bei weitem nicht von allen praktiziert. Man beobachtet es in Zusammenhang mit Nestumzügen oder beim Hinführen von Artgenossen zu Futterquellen; bei sklavenhaltenden Ameisen auch bei Raubzügen, deren Ziel der Überfall eines Nestes ist, das neue Sklaven liefern soll.

Der Vorteil der Verständigung durch bestimmte Bewegungsweisen ist, dass auf diesem Wege eine gerichtete Informationsübertragung auf einzelne Artgenossen möglich ist, während das Aussenden chemischer Botenstoffe mehr auf Breitenwirkung zielt.

Die akustische Verständigung
Gehörsinnesorgane, die auf Luftschwingungen ansprechen, gibt es bei Ameisen nicht. Dies erstaunt auf den ersten Blick, denn nicht wenige Ameisenarten können Geräusche (Klopf-, Trommel- oder Zirplaute) erzeugen. Diese Lautäußerungen haben nachweislich eine biologische Funktion; sie werden jedoch nicht als Luftschwingungen, sondern als feine Vibrationen des Untergrundes, auf dem die Ameisen laufen, erspürt (Schall wird bekanntlich nicht nur von Luft, sondern auch von elastischen festen Medien geleitet). Vibrationen können von den Ameisen mit Hilfe außerordentlich leistungsfähiger Sinnesorgane, die in den Beinen liegen, erkannt werden.

Klopf- und Trommellaute werden von den Ameisen erzeugt, indem sie mit bestimmten Körperteilen (Kopf, Hinterleib) rhythmisch auf den Untergrund schlagen. Diese Art der Informationsübermittlung kommt bevorzugt bei holzbewohnenden Ameisen vor, deren Nestkammern sehr stabile, für chemische Signale wenig durchlässige Wände haben. Vor allem wenn rasches Handeln erforderlich ist wie in Gefahrensituationen, bietet ein Klopfalarm Vorteile. Rossameisen verständigen sich so über Störungen des Volkes.

Zirplaute werden durch sog. Stridulationsorgane erzeugt; sie wurden bisher in vier Unterfamilien der Ameisen, u.a. bei den Stachel- und Knotenameisen gefunden. Stridulationsorgane sind morphologische Strukturen der Körperoberfläche, die meist im vorderen, oberen Bereich des Hinterleibs liegen; sie funktionieren im Prinzip so, dass ein Dorn oder eine scharfe Kante über eine gerillte Platte gezogen wird; die dabei entstehenden Zirpgeräusche sind für das menschliche Ohr nicht oder nur unter bestimmten Bedingungen hörbar. Stridulationslaute werden manchmal nur zur Verstärkung bestimmter chemischer Signale eingesetzt, häufiger werden sie in Gefahrensituationen ausgesandt. Blattschneiderameisen z.B. zeigen durch Zirplaute an, wenn sie durch einstürzende Nestkammern verschüttet wurden und rufen so Hilfe herbei.

Abschließende Bemerkungen: Aus Raumgründen konnten in diesem Kapitel nur einige grundlegende Wege der Kommunikation beleuchtet werden. Des besseren Verständnisses und Überblicks wegen wurden diese in drei Kategorien eingeteilt und getrennt dargestellt – in der Realität werden nicht selten verschiedene Verständigungsmethoden miteinander kombiniert. So genügt es bei manchen Ameisenarten offensichtlich nicht, von einer Nahrungsquelle zum Nest eine Duftspur zu legen, um andere Arbeiterinnen zum Futterplatz zu lotsen; eine erfolgreiche Rekrutierung gelingt erst dann, wenn die zurückkehrende Ameise ihre Nestgenossinnen anrempelt, mit dem Kopf stößt und mit den Fühlern bearbeitet. Erst in Verbindung mit dieser mechanischen Stimulierung wird die Bereitschaft erzeugt, entlang der ausgelegten Duftspur den Futterplatz zu suchen.

2.4 Zusammenschau

Grundlagen des geordneten Zusammenlebens im Ameisenvolk sind die Arbeitsteilung und die Kooperation durch Verständigung.

Die *Arbeitsteilung* beruht zunächst auf der Existenz zweier weiblicher Kasten: die Königinnen sind für die Erzeugung von Nachkommen zuständig, die Arbeiterinnen für die Brutaufzucht und alle anderen Arbeiten.

Innerhalb der Arbeiterinnenkaste kann es zu weiteren gestaltlichen Differenzierungen („Unterkasten“) kommen, welche ein Individuum für bestimmte Tätigkeiten prädestinieren. Darüber hinaus beeinflussen Alter, individuelle Neigungen und der Bedarf des Volkes an Arbeitskräften für eine bestimmte Aufgabe den zu einem bestimmten Zeitpunkt ausgeübten „Beruf“ einer Arbeiterin.

Für die Zusammenarbeit mehrerer Individuen bei Gemeinschaftsaufgaben gibt es eine Vielzahl von Verständigungsmöglichkeiten – insbesondere durch chemische Signale (Pheromone), aber auch durch bestimmte Verhaltensweisen oder (seltener) durch Klopf-, Trommel- oder Zirplaute.

Die Arbeiterinnen eines Ameisenvolkes nehmen fortlaufend

mit ihren Sinnesorganen dort, wo sie sich gerade befinden, eine Fülle von Informationen aus der Umwelt auf. Viele dieser Wahrnehmungen sind für das Individuum und für die Gemeinschaft bedeutungslos und werden nicht beantwortet. Andere Wahrnehmungen lösen eine individuelle Reaktion aus (z. B. ein bestimmtes Orientierungsverhalten). Wieder andere Umweltreize – etwa der erste Kontakt einer Futtersucherin mit einer bisher unentdeckten Läuseherde – veranlassen die Kundschafterameise, die Information über ihren Fund durch Legen einer Duftspur an andere Außendiensttiere weiterzugeben und so die gemeinsame Ausbeutung der erkundeten Nahrungsquelle einzuleiten.

Überträgt man das zuletzt geschilderte Beispiel auf das breite Spektrum anderer, für ein Ameisenvolk bedeutsamer Umweltreize, beginnt man zu verstehen, weshalb ein Ameisenstaat auch ohne eine zentrale Instanz, die ständig Anweisungen gibt, funktioniert. Ein einzelnes Individuum, etwa eine Königin mit Regierungsfunktion, wäre niemals in der Lage, eine solche Vielfalt an Informationen über die Gegebenheiten in der Umwelt aufzunehmen und in aufeinander abgestimmte Handlungsbefehle an die Arbeitstiere umzusetzen. Nur das *Ameisenvolk in seiner Gesamtheit* mit seinen zahllosen Wechselbeziehungen zwischen den einzelnen Individuen vermag eine koordinierte Zusammenarbeit zu leisten. An dieser Stelle drängt sich der Vergleich mit einem vielzelligen Organismus geradezu auf: auch dieser funktioniert nur durch das Zusammenwirken der Elemente, die ihn aufbauen, nämlich der Zellen. In der wissenschaftlichen Literatur wird daher der Ameisenstaat immer wieder als „Superorganismus" bezeichnet.

Solche Überlegungen sollten allerdings nicht zu der Annahme verleiten, *alle* Gemeinschaftsleistungen eines Ameisenvolkes seien einfach damit zu erklären, dass jedes Individuum in einer durch die Gene oder die individuelle Erfahrung vorbestimmten Weise auf die zu diesem Zeitpunkt wahrgenommenen Umweltreize reagiert. Was damit gemeint ist, möge ein Beispiel verdeutlichen.

Manche Ameisenarten bauen Nester mit einer sehr komplizierten Architektur. Dies gilt besonders für die imposanten Riesennester der Blattschneiderameise *Atta sexdens*, bei deren Anlage die Arbeiterinnen unvorstellbar große Erdmengen ausschachten und nach oben bringen müssen (Ein Ameisenforscher hat bei einem Nest fast 23 m^3 Erdaushub mit einem Gewicht von ca. 40 000 kg gemessen!). Die unterirdische Wohnanlage besteht bei älteren Völkern aus 1000–2000 Kammern, die durch ein mehrere Kilometer langes Gangsystem miteinander verbunden sind. Ein Teil der Kammern enthält die für die Ernährung der Blattschneider unentbehrlichen Pilzkulturen; die Zugänge zu den Pilzgärten werden dabei i. d. R. so angelegt, dass sie von schräg unten in die Höhlung führen – eine sehr zweckmäßige Vorsichtsmaßnahme, weil so ein Überfluten des Pilzgartens vermieden wird, wenn bei starken Regenfällen von oben Wasser in das Gangsystem des Nestes eindringt. Neben den Verbindungsgängen zwischen den Kammern gibt es auch einen horizontal verlaufenden Ringkanal und kreisförmig angeordnete, vom tiefsten Punkt des Nestes mit einem Steigungswinkel von ca. 50° zur Erdoberfläche ziehende Entlüftungskanäle (vgl. Abb. 5). Eine solch komplizierte Architektur erfordert ein sehr planvolles Vorgehen der Bauarbeiterinnen – menschliche Bauwerke in einer vergleichbaren Größenordnung könnten nie zustande kommen, wenn sich nicht alle Bauarbeiter strikt an den Entwurf des Architekten hielten. Trägt eine Blattschneiderameise diesen Bauplan in sich? Woher weiß sie, wenn sie in der Dunkelheit des Bodens mit dem Ausschachten eines Ganges beschäftigt ist, ob dieser im Durchmesser breiter angelegt werden muss (Ringkanal) oder weniger breit (Zugang zu einer Nestkammer)? Mit einem Steigungswinkel von 0° (Ringkanal) oder von 50° (Entlüftungskanal)? Woher erhält sie die Information, welche Krümmung der Ringkanal haben muss, damit dieser ein kreisförmiger Gang wird? Wie soll man sich vorstellen, dass eine Ameise an jedem Punkt des Nestes, an dem sie gerade arbeitet, das in diesem Augenblick Richtige tut? Fragen, die sich nicht einfach mit dem Schema „Umweltreiz löst dazu passende angeborene Reaktion aus“ beantworten lassen. Gibt es vielleicht Programme, die das Sozialverhalten der Ameisen steuern, Programme, die aufzufinden und deren Natur zu entschlüsseln uns mit den heute verfügbaren Forschungsmethoden noch nicht gelungen ist?

VII. Fortpflanzung und Entstehung neuer Völker

Da die Lebensdauer von Ameisenvölkern die der Arbeitstiere weit übersteigt, müssen die sterblichkeitsbedingten Ausfälle durch die Produktion neuer Individuen ersetzt werden. Daneben müssen auch immer wieder Geschlechtstiere aufgezogen werden, denn ohne sie können keine neuen Völker entstehen. Letztere werden nicht nur zum Ersatz der alten benötigt, sondern auch zur Besiedlung neuer Lebensräume. Fortpflanzung und Verbreitung sind daher aufs engste miteinander gekoppelt.

In diesem Kapitel soll versucht werden, eine Reihe von Aspekten zu beleuchten, die mit dieser Thematik verbunden sind. Dabei wird zunächst dargestellt werden, wie es zur Erzeugung neuer Individuen kommt (*Fortpflanzung*). Anschließend werden die Möglichkeiten aufgezeigt werden, wie neue Ameisenvölker entstehen können (*Koloniegründung*).

1. Die Fortpflanzung

Fortpflanzung ist nach einer allgemein üblichen Definition der Prozess, bei dem neue Individuen aus den vorhandenen entstehen. Im Ameisenvolk ist die Fortpflanzung Aufgabe der Geschlechtstiere, d. h. der Männchen und der Vollweibchen. Arbeiterinnen sind aufgrund ihrer schwach entwickelten Geschlechtsorgane i. d. R. nicht zur Fortpflanzung befähigt; ihre Eierstöcke sind allerdings nicht in jedem Fall funktionsunfähig. In den wenigen Eischläuchen, die sie besitzen, können bei einzelnen Individuen durchaus Eier heranreifen, die allerdings unbefruchtet bleiben, da Arbeiterinnen nicht von Männchen begattet werden. Arbeiterinnen-Eier kommen also auf *eingeschlechtlichem* (*parthenogenetischem*) Wege zustande.

Der Normalfall ist bei Ameisen die *zweigeschlechtliche Fortpflanzung*. Sie soll im Folgenden im Mittelpunkt der Betrachtung stehen.

1.1 Der Zeitpunkt der Geschlechtstieraufzucht

Viele tropische Ameisenarten sind aufgrund der günstigen Klima- und Ernährungsbedingungen in der Lage, mehrmals pro Jahr Geschlechtstiere aufzuziehen, wobei allerdings auch hier ein von der Regenzeit gesteuerter Jahreszyklus auftreten kann. Bei unseren heimischen Ameisenarten verlässt im allgemeinen pro Jahr nur eine einzige Geschlechtstiergeneration das Nest. Der Zeitraum, den diese zum Heranwachsen benötigt, schwankt sehr von Art zu Art – nicht zuletzt in Abhängigkeit von den Temperaturen im Wohnbau. In den warmen Nesthügeln der Waldameisen z. B. dauert die Jugendentwicklung der Geschlechtstiere nur 5–6 Wochen.

Bei vielen anderen heimischen Ameisenarten, in deren Nestern deutlich weniger günstige mikroklimatische Bedingungen herrschen, zieht sich die Zeit der Geschlechtstieraufzucht länger hin. Nicht selten überwintern die Geschlechtstierlarven und verwandeln sich erst im darauffolgenden Jahr zu erwachsenen Tieren (Beispiele: Weg- und Knotenameisen).

1.2 Der Hochzeitsflug

Die Begattung der Jungköniginnen erfolgt bei den meisten Ameisenarten nicht im Nest, sondern auf einem Hochzeitsflug.

Ziele des Hochzeitsfluges sind vor allem

- die Zusammenführung von Geschlechtspartnern aus *verschiedenen* Nestern. Hierdurch soll Inzucht vermieden werden, die bei Ameisen nur selten vorkommt (z. B. bei der Pharaoameise).
- die Verbreitung der Art (die auf dem Hochzeitsflug begatteten Jungköniginnen kehren normalerweise nicht in ihr Mutternest zurück).

Der *Zeitpunkt des Hochzeitsfluges* ist bei den einzelnen Ameisenarten sehr verschieden. Er hängt vor allem ab von der Jahreszeit, von der Witterung (schwül-warme Tage werden bevorzugt) und von der Tageszeit (meist mittags bis abends). Die artspezifische Fixierung des Schwarmzeitpunktes erhöht die Wahrscheinlichkeit des Zueinanderfindens der richtigen Geschlechtspartner.

Der *Ablauf des Hochzeitsfluges* erfolgt bei manchen Arten sehr spektakulär unter Beteiligung von Hunderten oder Tausenden geflügelter Ameisen, die zu einem Massentreff bestimmte Paarungsplätze anfliegen (Wegameisen, Knotenameisen). Bei anderen Arten, vor allem solchen mit individuenarmen Völkern, entfernen sich die Jungköniginnen oft nicht weit vom Nest und signalisieren den Männchen ihre Paarungsbereitschaft mit Hilfe von Lockstoffen; dies tun sie durch „Sterzeln", d. h., sie biegen ihren Hinterleib nach oben und lassen an der Hinterleibsspitze ein Tröpfchen Lockstoffsekret austreten, das den Männchen den Weg zur Partnerin weist (Beispiel: bestimmte Schmalbrustameisenarten).

Bei ihrem etwas schwerfälligen Flug orientieren sich die geflügelten Ameisen offensichtlich an markanten Geländepunkten wie Berggipfeln, Kirchtürmen, an einzeln stehenden auffälligen Bäumen oder an der oberen Kante von Steilhängen. Dort kann es zu rauchwolkenähnlichen Massenansammlungen von Ameisen kommen, ein Phänomen, das – wie alte Quellen belegen – früher wiederholt zu Fehlalarmierungen der Feuerwehr geführt hat. Auch mancher Bergwanderer hat das Phänomen eines Hochzeitsschwarmes schon sehr hautnah erlebt, wenn er an einem Ameisen-Schwarmtag auf der Bank am Gipfelkreuz die verdiente Brotzeit einnehmen wollte. Selbst „coole" Naturen stehen es meist nicht lange durch, Landeplatz für Dutzende oder gar Hunderte paarungsfreudiger Ameisen zu sein ...

Während die Orientierung der fliegenden Geschlechtstiere in der Landschaft optisch gesteuert sein dürfte, wird das Finden der Geschlechtspartner durch Geschlechtspheromone unterstützt, die von den Jungköniginnen abgegeben werden und nicht nur anlockend, sondern auch stimulierend wirken. Die Begattung selbst findet vielfach in der Luft statt (vor allem bei Ameisenarten mit relativ kleinen Männchen), kann jedoch auch auf fester Unterlage (auf Pflanzen oder auf dem Boden) ausgeführt werden. Dasselbe Männchen kann durchaus mit mehr als einer

Partnerin kopulieren, verbraucht dabei allerdings sehr rasch seinen Spermienvorrat.

Weibchen aus Völkern mit vielen Königinnen kopulieren im allgemeinen nur mit einem einzigen Partner; Mehrfachbegattungen kommen – soweit bekannt – überwiegend bei solchen Ameisenarten vor, deren Völker sehr individuenreich sind und nur eine einzige Königin besitzen. Hier ist die Aufnahme eines besonders großen Spermavorrates von besonderer Bedeutung, da Ameisenköniginnen i. d. R. nach dem Hochzeitsflug nicht mehr begattet werden.

1.3 Die Speicherung des Spermas

Für die Speicherung der Spermien, welche die weiblichen Geschlechtstiere beim Hochzeitsflug aufgenommen haben, besitzen die jungen Königinnen im Hinterleib ein spezielles Organ, die sog. „Samentasche" (Receptaculum seminis) (vgl. Abb. 15). Dieses bläschenförmige Gebilde ist mit der Vagina durch einen Gang verbunden, über den die Spermien in die Samentasche gelangen und durch den sie – verteilt über einen Zeitraum von mehreren Jahren – in kleinen „Trupps" das Speicherorgan wieder verlassen, um die in der Vagina vorbeigleitenden Eier zu befruchten.

Die Menge des gespeicherten Spermas ist bei den einzelnen Ameisenarten sehr unterschiedlich; sie reicht von einigen zehntausend bis zu einigen hundert Millionen Spermien.

Die beim Hochzeitsflug übernommenen Spermien bleiben in der Samentasche der Königin viele Jahre funktionsfähig. Ein Teil der Samenzellen wird bei langlebigen Arten erst nach mehr als 10 Jahren zur Befruchtung der Eier verwendet. In der Zeitspanne bis dahin müssen die männlichen Keimzellen ernährt werden; dabei spielt offensichtlich eine mit der Samentasche verbundene Drüse eine wichtige Rolle.

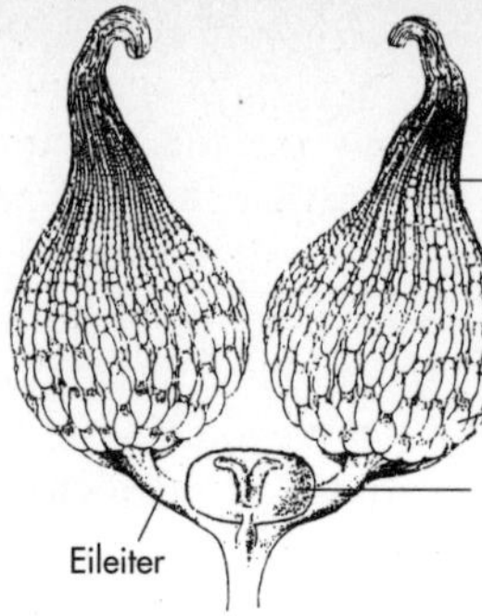

Abb. 15: Keimdrüsen einer Waldameisenkönigin. Die in den Eischläuchen herangereiften Eizellen verlassen bei der Eiablage den Eierstock durch den Eileiter. Beim Passieren der Einmündungsstelle der Samentasche, in der die beim Hochzeitsflug übernommenen Spermien gespeichert sind, können sie befruchtet werden (aus Otto 1962, verändert).

1.4 Nach dem Hochzeitsflug

Der Spermienvorrat, der von den *Männchen* bei der Kopulation aufgebraucht wurde, kann bei nahezu allen Ameisenarten nicht durch Nachbildung neuer Spermien wieder aufgefüllt werden. Die männlichen Geschlechtstiere sterben ohnehin relativ bald nach der Kopulation; ihre toten Körper dienen nicht selten zur Bereicherung des Speisezettels von Ameisenvölkern, die sie finden.

Die *Weibchen* stellen nach der Begattung ihre Flugaktivität ein und benutzen von da an nur noch ihre Beine zur Fortbewegung. Die überflüssig gewordenen Flügel werden abgeworfen: eine vorgebildete Bruchstelle ermöglicht dies. Die Flugmuskulatur, die nunmehr überflüssig geworden ist, wird in den darauffolgenden Wochen abgebaut und erleichtert als körpereigener Stoffspeicher der jungen Königin das Überleben der Zeit, in der sie noch nicht über einen futterbeschaffenden Hofstaat verfügt.

Wenn die junge Königin den Hochzeitsflug mit seinen zahllosen Unwägbarkeiten und Gefahren erfolgreich überstanden hat, liegt eine besonders kritische, aber für die Fortpflanzung äußerst wichtige Lebensphase vor ihr: sie muss entweder eine schon bestehende Ameisenkolonie finden, die sie aufnimmt und in der sie ihre Nachkommen aufziehen lassen kann, oder sie muss ohne Hilfe Anderer ein eigenes Volk gründen. Nur wenn ein Weibchen nach dem Hochzeitsflug in einem geeigneten Lebensraum gelandet ist, hat es eine gewisse Erfolgschance. Aber auch dann kann es beim Umherlaufen durch einen der vielen natürlichen Gegenspieler der Ameisen (Vögel, Raubinsekten, Spinnen usw.) ein vorzeitiges Ende finden. Der Umweltwiderstand, den Ameisenköniginnen beim Hochzeitsflug und in der anschließenden Lebensphase zu überwinden haben, ist so beträchtlich, dass nach Schätzungen von Experten von zehntausend Jungköniginnen nur eine einzige das Ziel der Fortpflanzung erreicht. Wäre es nicht so, hätten die Ameisen unsere Erde längst „überschwemmt".

2. Die Entstehung neuer Ameisenstaaten („Koloniegründung")

Neue Ameisenvölker (= „Kolonien") entwickeln sich bei sehr vielen Arten aus der Nachkommenschaft einzelner Königinnen; daneben gibt es aber auch (bei Arten mit mehreren Königinnen) die Möglichkeit der Aufspaltung schon bestehender Staaten in Tochtervölker. Drei Wege, die zur Gründung einer neuen Kolonie führen können, werden im Folgenden kurz dargestellt.

2.1 Die unabhängige Koloniegründung

In diesem Fall wird ein neues Volk durch eine *einzelne* frisch begattete Jungkönigin, in manchen Fällen auch durch eine *kleine Gruppe* von Weibchen „unabhängig", d. h. ohne fremde Hilfe, gegründet. Die Stammmutter sucht zu diesem Zweck nach dem Hochzeitsflug einen geeigneten Nistplatz und bezieht dort die sog. Nestgründungskammer. Als solche kann ein schon vorhandener Hohlraum (unter einem Stein, in einem Baumstrunk oder an ähnlichen Stellen) genutzt werden, meist entsteht sie jedoch durch Eigentätigkeit (Graben, Nagen) der Königin.

Einige Zeit später – wann, ist artspezifisch unterschiedlich – beginnt die Königin in der Gründungskammer mit der Eiablage. Die ausschlüpfenden Larven werden von ihr mit Nahrung versorgt und entwickeln sich im Verlauf einiger Wochen zu Erstlingsarbeiterinnen, die meist kleiner als später aufgezogene Arbeiterinnen sind und daher als „Pygmäen“ bezeichnet werden. Sobald die ersten Arbeitstiere herangewachsen sind, übernehmen diese die anfallenden Aufgaben (Nestbau, Futterbeschaffung, Brutpflege usw.), so dass sich die Stammmutter fortan auf ihre eigentliche Aufgabe – die Produktion von Eiern – beschränken kann.

Bevor es soweit ist, muss die Jungkönigin eine schwierige Lebensphase durchstehen, in der vor allem das Problem der Futterbeschaffung gelöst werden muss. Bei einer Reihe von Ameisenarten, bei denen die Königinnen nur wenig größer sind als die Arbeiterinnen und daher nur über geringe Reservestoff-Vorräte in ihrem Körper verfügen, müssen die Stammmütter die Gründungskammer immer wieder verlassen, um Nahrung zu suchen. Dies ist z. B. bei einer Reihe von Knotenameisenarten und bei den Stachelameisen der Fall.

Bei anderen Arten, z. B. bei Weg-, Ross-, Rasen- und Diebsameisen, bleibt die Jungkönigin während der Gründungsphase dauernd – von der Umwelt abgeschlossen – in ihrer Wohnkammer („klaustrale Koloniegründung“). Die für die Zukunft des Volkes so wichtigen Stammmütter sind auf diese Weise einer wesentlich geringeren Gefährdung ausgesetzt, doch ist hier eine Nahrungszufuhr von außen nicht möglich. Das Ernährungsproblem wird auf verschiedenen Wegen gelöst: Zunächst einmal sind die Königinnen der betroffenen Arten relativ groß und verfügen daher über körpereigene Reservestoffe, die ihnen das Überleben einer mehrere Monate währenden Hungerperiode ermöglichen. Zusätzlich können aus den Speicherstoffen Drüsensekrete für die Ernährung der Erstlingslarven gebildet werden. Natürlich können die Königinnen nicht unbegrenzt lange von ihren eigenen Substanzen zehren; sie fressen daher nicht selten einen Teil der abgelegten Eier bzw. der Larven wieder auf – zu ihrer eigenen Ernährung, aber auch zur Fütterung der übrigbleibenden Larven (gelegentlich verbessern einzelne Larven von sich aus ihre Ernährungslage durch das Auffressen von Geschwistern). Die Zahl der Erstlingsarbeiterinnen, die das Erwachsenenstadium erreichen, ist unter diesen Gegebenheiten nicht sehr eindrucksvoll, aber sie genügt, das Wachstum des Volkes in Gang zu setzen.

Kein Zweifel: Die unabhängige Koloniegründung fordert der jungen Königin in der Anfangsphase das Äußerste ab. Es verwundert daher nicht, dass eine Reihe von Ameisenarten einen anderen, „bequemeren" Weg geht, bei dem fremde Hilfe in Anspruch genommen wird.

2.2 Die abhängige Koloniegründung durch temporären Sozialparasitismus

Auch bei dieser Art der Koloniegründung steht am Beginn eines neuen Volkes eine einzelne Jungkönigin; diese unterzieht sich jedoch nicht der Mühe, ihre ersten Nachkommen selbst großzuziehen, sondern nutzt dazu die Hilfe eines nicht der eigenen Art angehörenden Ameisenvolkes – ein Verhalten, das unter den Begriff *Sozialparasitismus* (vgl. Kap. IX) fällt.

Im Prinzip läuft eine sozialparasitische Koloniegründung folgendermaßen ab: Die begattete Jungkönigin sucht nach dem Hochzeitsflug nach Nestern einer geeigneten, meist nahe verwandten Wirtsart. Hat sie ein passendes Volk gefunden, versucht sie in dieses einzudringen. Da sie anders riecht als die Wirtsameisen, ist dies ein sehr gefährliches Vorhaben.

Die Königin von *Lasius umbratus*, die als Wirtsameisen *Lasius niger* oder *Lasius alienus* zur Koloniegründung benutzt, zerbeißt vor dem Eindringen eine Arbeiterin des Wirtsameisenvolkes. Möglicherweise führt dies zu einer gewissen Geruchsangleichung, welche den Zutritt zum fremden Nest erleichtert.

Mit dem Eindringen der sozialparasitischen Jungkönigin ist fast immer das Töten der Wirtsameisenkönigin verbunden. Dieses kann durch den ungebetenen Gast selbst geschehen, erfolgt vielfach aber erstaunlicherweise durch die Wirtsameisenarbeiterinnen. Möglicherweise ist die eingedrungene Königin aufgrund bestimmter Drüsenabsonderungen attraktiver als die eigene und wird daher bevorzugt. Sie hat damit ihr Ziel erreicht, denn jetzt kann sie mit der Eiablage beginnen und ihre Nachkommen durch das Wirtsameisenvolk aufziehen lassen. Die Folgen sind absehbar: Mit fortschreitender Zeit wird es immer mehr Arbeiterinnen aus der Art der eingedrungenen Königin geben, der Anteil der Wirtsameisen wird dagegen wegen des gewaltsamen Todes ihrer Königin immer weniger werden. Aus dem anfänglichen Mischvolk wird so nach einiger Zeit ein Staat, der ausschließlich aus Abkömmlingen der fremden Königin besteht. Die so entstandene neue Kolonie ist jetzt selbstverständlich auch ohne fremde Hilfe voll lebensfähig.

Die sozialparasitische Koloniegründung findet sich in der heimischen Ameisenfauna vor allem bei einer Reihe von *Lasius*- und *Formica*-Arten. Als Wirtsameisen dienen fast immer Arten derselben Gattung; der früher bei bestimmten *Formica*-Arten gebräuchliche Gattungsname *Serviformica* (= *Hilfsameise*) bringt diese „dienende" Funktion gegenüber anderen Arten gut zum Ausdruck.

Fast alle Waldameisenarten der Gattung *Formica* (Ausnahme: Kahlrückige Waldameise) können auf sozialparasitischem Weg neue Völker gründen. Meist gehen Waldameisen jedoch einen anderen Weg, neue Kolonien zu bilden: die Spaltung von Völkern in Tochternester (= „Soziotomie").

2.3 Die Koloniegründung durch Soziotomie

Die abhängige Koloniegründung durch temporären Sozialparasitismus bei *anderen* Arten wurde im Laufe der Evolution offensichtlich erfunden, um die Erfolgschancen der Jungkönigin bei der Aufzucht ihrer Erstlingsbrut zu verbessern. Das gleiche Ziel lässt sich natürlich auch erreichen, wenn das frisch begattete Weibchen die Hilfe der *eigenen* Art in Anspruch nimmt.

Diese Möglichkeit wird vorzugsweise von solchen Arten genutzt, in deren Völkern viele Königinnen vorhanden sind. Aus der heimischen Tierwelt sind hier vor allem die Waldameisen zu nennen, von denen die meisten Arten diese Bedingung erfüllen.

Die geflügelten Weibchen der Waldameisen werden meist in der näheren Umgebung des Nestverbandes, aus dem sie stammen, begattet. Wenn sie ihre Flügel abwerfen, befinden sie sich daher häufig in der Nähe von Nestern ihrer eigenen Art. Wenn die umherlaufenden Weibchen am Waldboden auf Arbeiterinnen ihrer Art treffen, werden sie von diesen zunächst berochen und betastet und dann nicht selten zum Nest getragen, wo sie dem Königinnenbestand einverleibt werden. Ob eine solche „Adoption" erfolgt, hängt nicht zuletzt von der Zahl der schon vorhandenen Königinnen ab.

Hat eine junge Königin Aufnahme gefunden, ist ihre Nahrungsversorgung und die Aufzucht ihrer Nachkommen gesichert. Sie wird allerdings nie das Ziel erreichen, ein Volk zu gründen, das nur aus ihren eigenen Nachfahren besteht. Gleichwohl wird sie zur Ausbreitung der Art beitragen: Völker, die aufgrund ihres großen Königinnenbestandes zu individuenreich werden, spalten sich auf, indem ein Teil der Arbeiterinnen mit einem Teil der Brutstadien und der Königinnen abwandert und an einer anderen Stelle ein neues Nest baut. Die manchmal aus vielen Dutzenden von Völkern bestehenden Nestverbände verschiedener Waldameisenarten entstehen so aus oft nur wenigen Ausgangsnestern.

Abschließend: Alle hier beschriebenen Wege zur Bildung neuer Ameisenvölker bergen Risiken in sich; die Mehrzahl der Jungköniginnen erreicht daher nicht ihr Ziel, zur Ausbreitung der eigenen Art beizutragen. Der geringe Anteil an erfolgreichen Weibchen genügt indessen bei der Massenproduktion an Geschlechtstieren vollauf, alle geeigneten Lebensräume zu besiedeln – und das in einer oft erstaunlich hohen Dichte!

VIII. Die Entwicklung der Individuen

1. Vom Ei bis zur erwachsenen Ameise

Ameisen sind wie alle Hautflügler Insekten mit vollkommener Verwandlung, d. h., ihre Körpergestalt verändert sich während der Entwicklung grundlegend. Im Lebensablauf einer Ameise – gleich, ob Männchen, Königin oder Arbeiterin – kann man folgende Stadien unterscheiden:

Ei ➡ Larvenstadien ➡ Puppe ➡ voll entwickeltes Insekt (Imago)

Wie lange die Entwicklung des einzelnen Individuums dauert, ist von der Artzugehörigkeit und von bestimmten Umweltfaktoren, in geringerem Maße auch von Geschlecht und Kaste abhängig. Bei Arten mit gleichbleibend hoher Nesttemperatur (Waldameisen) kann die Entwicklung in sechs Wochen abgeschlossen sein. Bei manchen Arten, z. B. manchen Wegameisenarten, Knoten- und Rossameisen, kommt es zu einem zeitweiligen Entwicklungsstillstand („Diapause"); in diesem Fall zieht sich die Jugendentwicklung u. U. über viele Monate, im Extrem bis zu zwei Jahren hin.

Die z. T. sehr lange Entwicklungsdauer der Jugendstadien erfordert einen hohen Arbeitsaufwand für die Brutpflege – dies umso mehr, als die Jugendstadien zu keiner selbständigen Ortsveränderung fähig sind. Im Folgenden sollen die einzelnen Entwicklungsstadien kurz beschrieben werden.

1.1 Das Ei

Die von den Königinnen abgelegten Eier sind kleine, weichschalige Gebilde von längs-ovalem Umriss (vgl. Abb. 16). Selbst bei größeren Ameisenarten bleibt ihre Länge vielfach unter 1 mm (Länge eines Waldameiseneies: 0,6–0,7 mm).

Die Zahl der von einer Königin produzierten Eier ist bei manchen Arten beträchtlich: Bei *Formica-rufa*-Völkern, die nur eine einzige Königin haben, legt diese in der Zeit von März bis Anfang September täglich etwa 300 Eier; die Legeleistung einer Königin der Kahlrückigen Waldameise (*Formica polyctena*) ist mit ca. 10–30 Eiern/Tag deutlich geringer – wohl deshalb, weil in einem Volk mit Hunderten von Königinnen durch das einzelne Weibchen nicht so viele Eier gebildet werden müssen. Die Königin der Heeresameise *Eciton* legt bis zu 300 000 Eier in zwei Wochen; diese wahrlich beeindruckende Zahl verblasst indessen neben der Legeleistung der Weltrekordhalterin unter den Ameisen: in den Eierstöcken der Königin der Treiberameise *Dorylus nigricans* reifen im Jahr ca. 50 Millionen Eier heran!

Die Eier werden sofort nach dem Verlassen der weiblichen Geschlechtsöffnung von Arbeiterinnen übernommen und zu einem „Eilager", d. h. zu einer Nestkammer mit zusagenden Temperatur- und Feuchtigkeitsbedingungen gebracht. Hier werden die Eier immer wieder beleckt und eingespeichelt. Diese Verhaltensweisen dienen der Sauberhaltung und wirken einer Austrocknung entgegen. Außerdem haften die Eier durch die Befeuchtung aneinander und können so als kleine Eipakete an andere Stellen transportiert werden.

Während die Arbeiterinnen die Eier intensiv betreuen, läuft im Innern des Eies die Embryonalentwicklung ab: Aus der Eizelle entsteht durch Zellteilung und Organdifferenzierung eine kleine Ameisenlarve, die schließlich den Innenraum des Eies ganz ausfüllt; bald darauf sprengt sie die Eihülle. Das Ausschlüpfen aus dem Ei markiert den Zeitpunkt, zu dem die nächste Lebensphase, die Larvenzeit beginnt.

1.2 Die Larve

Die Larven der Ameisen (Abb. 16) sind madenförmig, d. h., sie besitzen keine Beine; außerdem fehlen ihnen Augen. Der Kopf ist klein und nicht deutlich vom Körper abgesetzt. Die Mundwerkzeuge sind unscheinbar und – von den Oberkiefern abgesehen – nur von geringer Festigkeit. Die Körperdecke der weißlichen Larven trägt eine Reihe von Ringfurchen; sie ist sehr weich und bis zu einem gewissen Grad durchsichtig. Auf der Körperoberfläche stehen bei vielen Arten Haare.

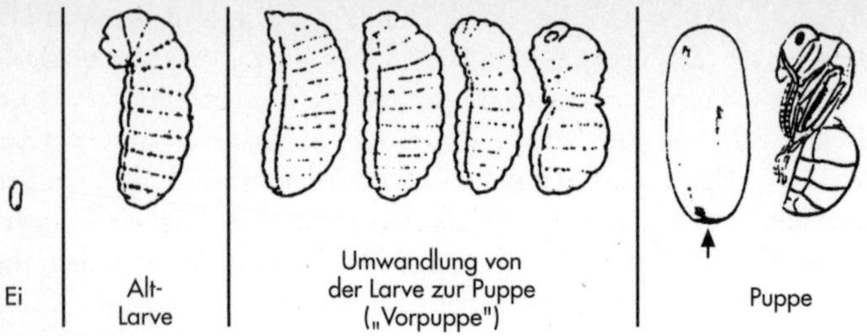

Abb. 16: Entwicklungsstadien der Roten Waldameise. Die Vorpuppe ist in verschieden weit fortgeschrittenen Metamorphose-Stadien dargestellt. Die Puppe ist mit und ohne Kokon abgebildet. Am hinteren Ende des Kokons (Pfeil!) ist der abgestoßene Kotsack als dunkler Fleck erkennbar (kombiniert nach Gößwald 1985 und Schmidt 1964).

Der Darm der Larven ist noch kein durchgehendes Rohr, das den Körper vom Mund bis zum After durchzieht, sondern am Ende des Mitteldarms blind geschlossen. Die Larven können daher unverdauliche Nahrungsreste nicht durch Koten abstoßen, sondern sammeln diese im sog. „Kotsack“ am Ende des Mitteldarms. Erst am Ende der Larvenzeit wird die Verbindung zum After hergestellt; die „Entsorgung“ des Kotsackes erfolgt dann bei der Umwandlung zur Puppe. Durch diese anatomische Besonderheit können sich die dicht beieinander liegenden Larven nicht gegenseitig mit Kot verunreinigen und die „Kinderstube“ wird nicht unnötig zur Brutstätte von Mikroorganismen.

Der anatomisch erzwungene Verzicht auf die Kotabgabe während der Larvenzeit ist nur möglich, weil die Nahrung der Larven (Drüsensekrete, verfütterter Kropfinhalt, weiches Insektenfleisch) wenig Unverdauliches enthält.

Die Larven einer ganzen Reihe von Ameisenarten sondern periodisch aus dem Mund kleine Mengen einer klaren Flüssigkeit ab, die von den Ammenarbeiterinnen begierig aufgeleckt wird. Daneben wurde wiederholt die Abscheidung einer klaren Flüssigkeit aus der Analregion beobachtet. Möglicherweise fördern diese Säfte, die für die Brutpflegerinnen sehr attraktiv sind, deren Bindung an die Larven. Bei manchen Arten, z. B. der Pharaoameise, sind diese Flüssigkeiten auch Nahrung für die Königinnen – eine merkwürdige Umkehrung des Säuglingsprinzips!

Da die Körperdecke der Larven trotz ihrer Weichheit nicht unbegrenzt dehnbar ist, muss die heranwachsende Ameise von Zeit zu Zeit die alte, zu klein gewordene „Haut" abwerfen. Die Zahl der Larvenstadien liegt – von Art zu Art unterschiedlich – im Bereich zwischen drei und sechs, wobei vier Larvenstadien bei Ameisen der häufigste Fall zu sein scheinen.

Während die ersten Larvenstadien einander gestaltlich sehr ähneln – von der zunehmenden Größe einmal abgesehen –, sind im letzten Larvenstadium Veränderungen erkennbar (vgl. Abb. 16): der Körper verkürzt sich etwas und lässt im mittleren Bereich zunehmend eine Einschnürung erkennen. Dies ist darauf zurückzuführen, dass unter der Haut des letzten Larvenstadiums bereits die Puppengestalt ausgebildet wird, weshalb dieses Entwicklungsstadium auch als „Vorpuppe" bezeichnet wird. Eine Nahrungsaufnahme findet zu diesem Zeitpunkt nicht mehr statt, da sich von nun an der Körper in einem tiefgreifenden Umbau befindet.

1.3 Die Puppe

Wenn sich das letzte Larvenstadium, die sog. Vorpuppe häutet, kommt die Puppe zum Vorschein – d.h. jenes Entwicklungsstadium, das die Umwandlung (*Metamorphose*) der Larvengestalt in das völlig andere Erscheinungsbild der vollentwickelten Ameise eindrucksvoll erkennen lässt. An der Puppe (Abb. 16) sind bereits zahlreiche Kennzeichen des erwachsenen Tieres zu sehen: die Gliederung des Körpers in Kopf, Brust und Hinterleib, die Fühler, die Mundwerkzeuge, die Laufextremitäten und bei den Geschlechtstieren die Flügel. Die Körperdecke der Puppe ist zunächst noch weißlich und sehr weich; erst nach einer Reihe von Tagen wird sie dunkler und fester; auch die Augen werden zunehmend stärker pigmentiert. Zeitgleich zu diesen äußeren Veränderungen werden im Innern des Körpers die Organsysteme des erwachsenen Tieres ausgebildet.

Bei manchen Ameisenarten (z.B. den Wald-, Weg- und Rossameisen) spielt sich die Metamorphose in einem Kokon, d.h. einem dichten, längsovalen Gespinst aus Fäden, ab. Der Kokon wird während des letzten Larvenstadiums gesponnen; die Fäden entstehen aus dem erhärtenden Sekret der Speicheldrüsen (= Labialdrüsen). Deren Drüsenschläuche sind bei den Ameisenlarven auffallend lang und gut entwickelt. Es gibt auch Ameisenarten (Beispiel: Knotenameisen), die auf einen Puppenkokon verzichten; ihre Puppen werden daher als „Nacktpuppen" bezeichnet.

Auch Puppen werden – ebenso wie die anderen Jugendstadien – durch die Brutpflegerinnen bewacht, bei Gefahr weggetragen oder auch bei ungünstigen mikroklimatischen Verhältnissen in den „Kinderstuben" an andere, zusagendere Neststellen transportiert. Am Ende der Jugendentwicklung, wenn sich die Puppe zum fertig entwickelten Insekt häutet, leisten die Puppenbetreuerinnen der frisch geschlüpften Jungameise Hilfe beim Öffnen des Kokons.

1.4 Die voll entwickelte Ameise (Imago)

Die aus der Puppe geschlüpfte Ameise ist zwar „erwachsen", doch kommt es auch in diesem Lebensabschnitt noch zu Veränderungen bei bestimmten Organsystemen und im Verhalten. Häutungen allerdings finden bei imaginalen Ameisen nicht mehr statt, weshalb diese nicht mehr wachsen können. Individuen, die beim Schlüpfen aus der Puppe klein sind, bleiben zeitlebens klein und sind nicht – wie viele Laien meinen – „junge" Ameisen.

Die *Lebensdauer imaginaler Ameisen* ist im Vergleich zu der anderer Insekten – beachtlich lang. Dies gilt allerdings nicht für die Männchen, die – wie schon erwähnt – kurz nach dem Hochzeitsflug sterben. Die erwachsenen Arbeiterinnen vieler Ameisenarten leben im Schnitt 1–2 Jahre, doch gibt es auch kurzlebige Arten wie die Pharaoameise, deren Arbeiterinnen nur 6–8, maximal 10 Wochen alt werden. Lebensspannen, die über drei Jahre hinausgehen, sind selten und vielleicht nur bei Ameisenarbeiterinnen in Laborzuchten möglich. Extrem langlebig sind die Königinnen; sie erreichen bei manchen Arten ein Alter von 10–20 Jahren (z.B. bei Weg- und Waldameisen), in Extremfällen sogar noch darüber.

2. Die Festlegung der Entwicklungsrichtung

Im Folgenden soll nun noch auf zwei Fragen eingegangen werden, die bei den bisherigen Ausführungen ausgeklammert wurden:

- Wie kommt es, dass sich aus einem Teil der Eier männliche, aus einem anderen Teil weibliche Ameisen entwickeln? (= Frage nach der *Geschlechtsbestimmung*)
- Welche Faktoren entscheiden darüber, ob aus einer weiblichen Larve eine Königin oder eine Arbeiterin wird? (= Frage nach den Mechanismen der *Kastendetermination*)

2.1 Die Geschlechtsbestimmung

Beim Menschen entscheiden die in der Ei- und Spermazelle enthaltenen Geschlechtschromosomen darüber, ob sich aus der befruchteten Eizelle ein männliches oder weibliches Individuum entwickelt. Bei den Hautflüglern, zu denen die Ameisen gehören, gibt es keine Geschlechtschromosomen; die Geschlechtsbestimmung erfolgt hier auf anderem Wege: Aus befruchteten Eiern (also solchen mit einem zweifachen = *diploiden* Chromosomensatz) entwickeln sich Weibchen, aus unbefruchteten Eiern (also solchen mit einem einfachen = *haploiden* Chromosomensatz) Männchen.

Eine Königin, die weibliche Nachkommen produzieren will, muss also befruchtete Eier ablegen. Die Befruchtung der Eier erfolgt auf dem Weg vom Eierstock zur weiblichen Geschlechtsöffnung: Wenn das Ei im Eiergang an der Einmündungsstelle der Samentasche vorbeigleitet, werden dort einige Spermien zugegeben. Diese stammen aus der Spermamasse, welche die Königin beim Hochzeitsflug aufgenommen und in ihrem Receptaculum seminis gespeichert hat.

Erhalten Eier bei der Ablage keine Spermien, bleiben sie unbefruchtet und können sich zu Männchen entwickeln. Da die Aufzucht von Männchen bei den einzelnen Ameisenarten an ganz bestimmte Jahreszeiten gebunden ist, gibt es offensichtlich (bisher noch wenig erforschte) Mechanismen, die zum Zeitpunkt der Eiablage die Befruchtung unterbinden.

Neben der gezielten Nichtbefruchtung von Eiern durch die Königin gibt es mindestens noch zwei weitere Wege, wie es im Ameisenvolk zur Ablage von Eiern mit haploidem Chromosomensatz kommen kann:

- die *Ablage von Eiern durch unbegattete Weibchen* oder *durch (überalterte) Königinnen*, die ihren Spermavorrat bereits aufgebraucht haben;
- die *Ablage von Eiern durch Arbeiterinnen.* Wie bereits erwähnt, durchlaufen die Eierstöcke von Jungarbeiterinnen vorübergehend einen funktionsfähigen Zustand; unter bestimmten Bedingungen – insbesondere bei Fehlen einer Königin – legen Arbeiterinnen in dieser Phase Eier ab, die in der Regel haploid sind und sich daher zu Männchen entwickeln können.

2.2 Die Kastendetermination

Weitaus komplexer als die Entstehung der Männchen ist die Weichenstellung der Entwicklung im weiblichen Geschlecht. Sowohl Königinnen wie Arbeiterinnen entstehen aus einem diploiden Ei. Welcher der beiden Entwicklungswege eingeschlagen wird, entscheidet sich erst während der Larvenzeit – bei manchen Arten schon in den ersten Tagen dieser Entwicklungsphase, bei anderen erst am Ende. Nicht immer fällt die Entscheidung eindeutig aus: dann entstehen Zwischenformen zwischen Vollweibchen und Arbeiterin (auf diesen Spezialfall soll hier nicht näher eingegangen werden).

Zum gegenwärtigen Zeitpunkt sind mehr als ein halbes Dutzend Faktoren bekannt, welche die Entwicklungsrichtung weiblicher Larven beeinflussen; ihre Wirkungen sind vielfach eng verzahnt. Im Folgenden sollen nur zwei besonders wichtige Faktoren erwähnt werden, und zwar am Beispiel der Waldameisenart *Formica polyctena*, die in dieser Hinsicht besonders gut untersucht ist.

- Die *Art und Menge der Larvennahrung (= „trophische Faktoren“)* sind offensichtlich von entscheidender Bedeutung für das spätere Schicksal einer Larve. Diese kann nur dann zu einer Königin werden, wenn sie eine besonders hochwertige

Nahrung aus Sekreten bestimmter Futtersaftdrüsen erhält, vor allem aus den im Kopf gelegenen Hinterschlunddrüsen. Die Futtersäfte werden durch die Mobilisierung von Reservestoffen gebildet, welche die Brutpflegerinnen (= Jungarbeiterinnen) in ihrem Körper gespeichert haben. Neben der Qualität spielt auch die Menge des verabreichten Futters eine Rolle; diese ist eng korreliert mit der Zahl der verfügbaren Brutpflegerinnen. Sinkt diese – bezogen auf die Zahl der Larven – unter einen bestimmten Mindestwert, entwickeln sich die Larven nur zu Arbeiterinnen.

Die nahrungsbedingte Weichenstellung für die Entwicklung einer weiblichen Larve in Richtung Königin oder Arbeiterin zieht sich nicht über die gesamte Larvenzeit hin, sondern ist auf eine bestimmte sensible Phase begrenzt. Bei Waldameisen erfolgt sie – ähnlich wie bei der Honigbiene – in den ersten drei Tagen der Larvenperiode und ist dann nicht mehr umkehrbar.

- *Die Beschaffenheit des Eies* kann ebenfalls in hohem Maße die Entwicklungsrichtung einer Larve beeinflussen. Von verschiedenen Ameisenarten ist bekannt, dass sie mehrere Eitypen produzieren, die sich in Größe und stofflicher Zusammensetzung unterscheiden. Die einzelnen Eitypen sind offensichtlich prädestiniert, sich in eine bestimmte Richtung zu entwickeln.

Bei der Kahlrückigen Waldameise legen die Königinnen im Jahresablauf zwei verschiedene Arten von Eiern: unmittelbar nach Ende der Überwinterung sog. *Wintereier*, später im Jahr *Sommereier*. Aus befruchteten Wintereiern entwickeln sich besonders leicht Vollweibchen – vermutlich deshalb, weil diese Eier Stoffe enthalten, welche die entwicklungsdeterminierende Wirkung der Larvennahrung, die von den reservestoffreichen Brutpflegerinnen im zeitigen Frühjahr produziert wird, verstärken. Ohne diese hochwertige Nahrung entstehen jedoch auch aus Wintereiern nur Arbeiterinnen.

Die in einem bestimmten Eityp lokalisierten entwicklungsdeterminierenden Faktoren (= „blastogene Faktoren") fördern also nur eine bestimmte Entwicklungsrichtung, sind jedoch für die Weichenstellung nicht allein entscheidend.

Alles in allem ist die Kastendifferenzierung ein sehr kompliziertes und artspezifisch sehr unterschiedliches Geschehen, in das noch andere als die hier genannten Faktoren eingreifen.

IX. Ameisenvölker unter sich

1. Krieg und Frieden – auch bei Ameisen

Ameisenvölker derselben Art siedeln in geeigneten Lebensräumen oft in großer Zahl und nicht selten in unmittelbarer Nachbarschaft. Aber auch einander fremde Arten wohnen manchmal dicht beieinander; so lassen sich auf Trockenrasen in Muschelkalkgebieten gelegentlich vier oder fünf verschiedene Ameisenarten auf einer Fläche von nur 1 m^2 finden.

Dies alles lässt die Ameisen auf den ersten Blick als eine sehr friedliche Tiergruppe erscheinen. Dass dieser Eindruck keineswegs immer die Realität trifft, habe ich sehr eindrucksvoll bei einem Urlaub auf der Insel Korsika erlebt: Im Garten des von mir gemieteten Ferienhauses fand ich überall nur die stark belaufenen Straßen einer einzigen, äußerst vitalen Ameisenart, der Argentinischen Ameise (*Linepithema humile*). Andere Arten suchte ich vergebens – aus gutem Grund: Die ursprünglich in Südamerika beheimatete Argentinische Ameise hat sich nach ihrer Einschleppung in das Mittelmeergebiet als äußerst durchsetzungsfähige Art erwiesen; sie rottet in den Bereichen, in denen sie sich ansiedelt, alle anderen Ameisenarten weitgehend aus. Der Garten meines Ferienhauses lieferte dafür einen sehr anschaulichen Beweis!

Friedliche Koexistenz und schonungslose Vernichtung aller Konkurrenten – das sind die Extreme auf einer breiten Skala der Möglichkeiten des Zusammenlebens von Ameisenvölkern. Es gibt Ameisenforscher, welche die Aggressivität der Ameisen als deutlich höher einschätzen als die des kriegsfreudigen Menschen. Auslöser der meisten Konflikte ist der Wettbewerb um lebensnotwendige Umweltressourcen, insbesondere um Nahrungsquellen und geeignete Nistplätze.

1.1 Innerartliche und zwischenartliche Konflikte

Der Konkurrenzdruck ist zwischen *Völkern derselben Art* besonders groß, da diese identische Lebensbedürfnisse haben. Tatsächlich finden in diesem Bereich erbitterte Auseinandersetzungen statt – allerdings nicht bei allen Arten. Zu den friedlichen Ausnahmen gehört u.a. die Kahlrückige Waldameise, in deren Nestverbänden die Völker unter sich meist gut verträglich sind – wohl nicht zuletzt wegen der bei dieser Art üblichen Tochternestbildung.

Ob es zu kriegerischen Auseinandersetzungen zwischen Völkern derselben Art kommt, hängt sehr von der Lebensweise einer Art und von der Beschaffenheit des besiedelten Lebensraumes ab. Wo es ausreichend Nahrung und viele günstige Nistplätze gibt, erübrigt es sich, um diese zu kämpfen.

Zwischen Völkern verschiedener Arten kann es ebenfalls heftige Kämpfe geben; die schon erwähnte Argentinische Ameise oder die Feuerameise sind Beispiele für besonders unverträgliche Arten. Nicht selten beobachtet man allerdings auch friedliche Koexistenz zwischen verschiedenen Arten – insbesondere dann, wenn sich zwei nahe beieinander siedelnde Arten stark in der Körpergröße, in der Nistweise und in der Nutzung der vorhandenen Nahrungsquellen unterscheiden. Dies mindert die Konkurrenz und damit die Notwendigkeit, sich kriegerisch durchsetzen zu müssen. All dies darf aber nicht darüber hinwegtäuschen, dass sich Ameisenvölker immer wieder „mit Waffengewalt" gegen Konkurrenten behaupten müssen.

1.2 Die Waffen der Ameisen

Wie beim Menschen ist auch bei Ameisen eine erfolgreiche Kriegführung an gewisse Voraussetzungen gebunden: an eine ausreichende Zahl von Kämpfern ebenso wie an den Besitz wirksamer Waffen. Ameisen verfügen im Wesentlichen über drei Waffensysteme: der Gegner kann mit den *Oberkiefern*, mit dem *Wehrstachel* (soweit vorhanden) und mit speziellen *Drüsensekreten* bekämpft werden.

Die *Oberkiefer* werden – je nach Form (breit/gezähnt oder schmal/dolchförmig) – zum Abschneiden von Körperteilen des Gegners (insbesondere der Extremitäten) oder zum Durchbohren der Köpfe der Widersacher eingesetzt. Bei manchen Arten gibt es Arbeiterinnen mit großen Köpfen, die wegen ihrer kräftig ausgebildeten Kiefermuskulatur besonders leistungsfähige Kämpfer sind.

Mit einem *Wehrstachel* sind vor allem die primitiveren Ameisenarten ausgestattet; er fehlt den Drüsen- und Schuppenameisen, aber auch einigen Gattungen der Knotenameisen (z.B. den Blattschneidern oder den körnersammelnden *Pheidole*-Arten) sowie einem Teil der Wanderameisen. Der Stachel befindet sich an der Hinterleibsspitze und wird zur Injektion von Gift in das Beutetier oder den Gegner benutzt. Er ist bei kriegerischen Auseinandersetzungen allerdings keine so wirksame Waffe, wie man zunächst vermuten möchte. Der Stachel rutscht an der gepanzerten, glatten Körperoberfläche eines Feindes leicht ab und kann nur dann eingebohrt werden, wenn er eine weichhäutige Verbindungsstelle zwischen zwei Segmentringen trifft. Diese im Kampfgetümmel schnell zu finden, ist offensichtlich schwieriger als den Gegner mit den Oberkiefern zu packen.

Als *chemische Waffen* werden von den Ameisen Sekrete verschiedener Drüsen (z.B. der Gift-, Anal-, Oberkieferdrüsen usw.) eingesetzt, die – von Ameisenart zu Ameisenart unterschiedlich – abschreckend, giftig, ätzend, verklebend, betäubend oder verwirrend wirken.

So schädigend die Drüsensekrete der Ameisen für ihresgleichen (oder auch andere Gliederfüßler) sind: für den Menschen sind die meisten Wehrsekrete weitgehend harmlos. Das Gift einiger Arten (z.B. der Feuerameise) verursacht allerdings lokal heftige Schmerzen und sogar Allergien. Auch ein Tröpfchen Waldameisensäure, das man auf der intakten Haut nicht spürt, kann kurzfristig wehtun, wenn es in eine Hautwunde oder ins Auge gerät.

Viele Kampfsekrete der Ameisen bezwecken nicht nur die Schädigung oder Abwehr des Feindes, sondern enthalten auch Duftstoffe, die der Alarmierung anderer Arbeiterinnen desselben

Volkes dienen. Im Notfall möglichst viele Kämpfer rasch herbeizurufen, entscheidet nicht selten über „Sein oder Nichtsein".

Sowohl die mechanischen wie die chemischen Waffen werden von Ameisen nicht nur bei kriegerischen Auseinandersetzungen untereinander eingesetzt; wie nicht anders zu erwarten, werden mit ihnen auch andere Feinde abgewehrt oder Beutetiere überwältigt.

2. Leben auf Kosten anderer: der Sozialparasitismus

Menschen führen Kriege meist deshalb, weil eine Gruppe etwas haben möchte, was eine andere – zu Recht oder Unrecht – für sich in Anspruch nimmt. Kriege sind jedoch nicht selten verlustreich und mit einem hohen Risiko (auch für den Angreifer) verbunden. Manche Menschen schlagen daher einen anderen, raffinierteren Weg ein, um an fremdem Besitz teilzuhaben: sie nutzen das soziale Mitgefühl oder auch die Dummheit anderer aus, um es sich auf deren Kosten und ohne entsprechende Gegenleistungen gut gehen zu lassen. Für diese Art, sich durch das Leben zu schlagen, verwenden wir gerne den Begriff „parasitieren" – in Anlehnung an die Lebensweise vieler Organismen, die sich auf Kosten anderer ernähren, ohne diese dabei umzubringen.

Bei den Ameisen finden sich erstaunliche Parallelen: auch hier haben es einzelne Arten – weltweit sind es etwa 240 – im Laufe der Erdgeschichte „gelernt", *die sozialen Leistungen einer anderen Art vorübergehend oder zeitlebens zu nutzen – zum eigenen Vorteil und zum Schaden der Wirtsart.* Für eine derartige Lebensform wurde der Begriff *Sozialparasitismus* geprägt. Ein allgemein bekanntes Beispiel für diese Lebensstrategie aus der Welt der Vögel ist der Kuckuck, der seine Eier in die Nester bestimmter Vogelarten legt und dort seine Jungen aufziehen lässt. Ähnlich wie der Kuckuck profitieren auch sozialparasitische Ameisen von den sozialen Leistungen anderer Arten.

„Soziale Leistungen" – diese Formulierung meint vor allem die Gewährung von Obdach, die Beschaffung von Nahrung und die Aufzucht der Nachkommen des Sozialparasiten. In welchem Ausmaß solche Leistungen in Anspruch genommen werden, ist

im Einzelfall sehr unterschiedlich. Dementsprechend gibt es bei den Ameisen verschiedene Stufen des Sozialparasitismus, die im Folgenden kurz vorgestellt werden sollen.

2.1. Gastverhältnisse (Xenobiosen)

Ein Grenzfall der Ausnutzung anderer ist die sog. Xenobiose (= „Leben als Gast"). Sie ist bei solchen Ameisenarten gegeben, deren meist individuenarme und nur wenig Wohnraum benötigende Völker in den Nestern einer anderen Art leben. Sie genießen dort den Schutz des sehr viel größeren und wehrhafteren Wirtsameisenvolkes und profitieren u. U. von dem günstigen Mikroklima in ihrem Wirtsnest. Auch im Hinblick auf die Ernährung bietet dieses Vorteile.

Ein Beispiel für diese Lebensform ist die bei uns heimische, nur 2,6–3,3 mm große Braunglänzende Gastameise (*Formicoxenus nitidulus*). Als Wohnstätte wählt diese Art die großen Hügelnester verschiedener Waldameisenarten. Ein Gastameisen-Völkchen umfasst lediglich 20–150 Individuen und findet leicht in engen Hohlräumen, die für ihre sehr viel größeren Wirte unzugänglich sind, Platz (z. B. zwischen den Schuppen eines Kiefernzapfens). Bis zu 50 dieser Zwergvölker können sich in einem einzigen Wirtsnest finden.

Dem Wirtsvolk entsteht durch seine Untermieter kaum Schaden. Xenobiosen sind daher allenfalls Vorstufen eines echten Parasitismus. Dies ist anders bei allen nun folgenden Arten des Sozialparasitismus, bei denen der Nutznießer umfassende Dienstleistungen einer anderen Ameisenart in Anspruch nimmt, insbesondere deren Hilfe bei der Aufzucht der eigenen Nachkommen.

2.2 Temporärer Sozialparasitismus

Diese Lebensform beinhaltet – wie ihre Bezeichnung zum Ausdruck bringt – keine lebenslange, sondern nur eine *vorübergehende Ausnutzung einer anderen Art*. Die Königin der sozialparasitischen Art nimmt – wie bereits in Kap.VII erläutert wurde – nur in der Gründungsphase ihres Volkes die Hilfe eines Wirtsameisenvolkes in Anspruch. Die Koloniegründung durch temporären Sozialparasitismus ermöglicht gegenüber der unabhängigen Koloniegründung ein deutlich schnelleres Heranwachsen des jungen Volkes. Sie wird von verschiedenen Arten aus der Unterfamilie der Schuppenameisen (z. B. *Lasius umbratus, Formica rufa*) praktiziert, kommt jedoch auch in anderen Unterfamilien vor.

2.3 Permanenter Sozialparasitismus ohne Sklavenhaltung (Inquilinismus)

Es wäre erstaunlich, wenn sich im Laufe der Erdgeschichte unter den Ameisen nicht auch Parasiten entwickelt hätten, die *lebenslang* auf Kosten anderer ihr Dasein fristen. Eine besonders einfache Art der permanenten Ausnutzung anderer Arten verkörpern die sog. Inquilinen; unter diesem Begriff versteht man sozialparasitische Arten, deren Königinnen während ihres gesamten Lebens in Nestern bestimmter Wirtsarten schmarotzen, dabei aber keine eigenen Arbeiterinnen mehr produzieren, sondern nur noch Männchen und Vollweibchen. Die sozialparasitische Königin wird von der Wirtsart in ihr Volk integriert und sie nutzt dort die gleichen Dienstleistungen wie die (meist in Mehrzahl vorhandenen Königinnen) des Wirtsvolkes. Diese bleiben in der Regel von der schmarotzenden Königin unbehelligt – aus gutem Grunde: ihre Tötung würde zum Aussterben des Wirtsvolkes führen und dies wäre für das arbeiterinnenlose parasitische Weibchen ein höchst fatales Ereignis!

Es gibt jedoch auch Inquilinen, deren Königinnen nur in solchen Wirtsameisenvölkern Aufnahme finden, die ihre Königin verloren haben. In diesem Fall kann das parasitische Weibchen das Arbeitspotenzial des Wirtsvolkes nur noch 1–2 Jahre nutzen. Aber auch dieser kurze Zeitraum genügt für die Aufzucht von Geschlechtstieren der Schmarotzerart durch die Wirtsameisenarbeiterinnen. Ein Beispiel für diese Lebensform ist die einheimische Knotenameise *Anergates atratulus*, die in Nestern der Rasenameise *Tetramorium caespitum* zu finden ist (allerdings sehr selten).

Nicht wenige Inquilinen zeigen in Gestalt und Verhalten äußerst interessante Anpassungen an die parasitische Lebensweise, auf die näher einzugehen hier leider nicht möglich ist.

Ohne Zweifel gelingt es den Inquilinen auf eine verblüffend einfache Weise, den Fortbestand der eigenen Art zu sichern: Die Unterkunft, Verpflegung und das Dienstpersonal für die Kinderbetreuung stellt das Volk der Wirtsameisen; größere Investitionen an Energie seitens der parasitischen Art erübrigen sich dadurch. Natürlich hat ein solches Schmarotzerdasein auch seinen Preis: einmal die lebenslange Abhängigkeit von einem fremden Ameisenvolk, zum andern den Verlust der eigenen Arbeiterkaste und damit den Verzicht auf die Existenz eines eigenen Volkes. Im Folgenden wird über eine Form des lebenslangen Parasitismus berichtet werden, welcher der letztgenannte Nachteil nicht anhaftet.

2.4 Permanenter Sozialparasitismus mit Sklavenhaltung (Dulosis)

Ameisenarten, die lebenslang die Dienstleistungen anderer nutzen möchten, ohne auf die Existenz eines eigenen Nestes und Volkes zu verzichten, können dies tun, indem sie sich durch Raubzüge gewaltsam Arbeiterinnen aus Völkern anderer Arten besorgen und diese als „Sklaven" in das eigene Volk integrieren.

Die Kolonie-Gründung sklavenhaltender Arten verläuft i. d. R. recht ähnlich wie bei temporär sozialparasitischen Arten: Die Jungkönigin dringt in das Nest einer bestimmten Wirtsart ein und tötet deren Königin(nen); die Weibchen mancher Sklavenhalterarten beseitigen sogar die adulten Arbeiterinnen der Wirtsameisen. In jedem Fall werden die schlüpfreifen Puppen der getöteten Vorgängerin übernommen – sie liefern die ersten Sklaven, auf welche die sozialparasitische Königin zur Aufzucht ihrer eigenen Nachkommen angewiesen ist.

Die Arbeiterinnen, die sich aus den Eiern der sozialparasitischen Königin entwickeln, sind keine „Allround-Arbeitstiere", sondern Spezialisten für das Kriegshandwerk. Zur Betreuung der Brut, zum Nestbau und anderen Arbeiten sind sie bei vielen

Arten unfähig, ja es gibt sogar Arten, bei denen die Sklavenhalterarbeiterinnen durch die Sklaven mit Nahrung versorgt werden müssen. Umso besser verstehen sie sich aufs Morden; ihre Oberkiefer sind mit scharfen Schneidekanten ausgestattet oder dolchförmig gestaltet – ideale Werkzeuge zum Verstümmeln oder Durchbohren von überfallenen Ameisen, die sich zur Wehr setzen.

Infolge dieser Spezialisierung können sklavenhaltende Ameisenarten – von einigen Ausnahmen abgesehen – nicht auf „Fremdarbeiter" in ihrem Nest verzichten. Deren Zahl verringert sich jedoch sterblichkeitsbedingt sehr rasch; eine Nachproduktion von Sklaven ist wegen der Tötung ihrer Königin nicht möglich. Die entstehenden Lücken an Helfern können daher nur durch Raubzüge wieder aufgefüllt werden.

Bemerkenswerterweise werden bei den Raubzügen keine erwachsenen Arbeiterinnen erbeutet, sondern nur (meist weit entwickelte) Jugendstadien (vor allem Puppen). Dies hat mindestens drei Vorteile: 1. Jugendstadien können sich gegen die Verschleppung nicht wehren. 2. Die Arbeiterinnen, die als Sklaven dienen sollen, schlüpfen erst im Nest der Räuber aus ihren Puppenhüllen; sie fühlen sich daher in ihrer neuen Umgebung „zu Hause" und dürften sich wohl kaum ihres Sklavendaseins bewußt werden. 3. Frisch geschlüpfte Sklaven haben noch ihre gesamte Lebensspanne als Arbeitstiere vor sich.

Unter den heimischen Ameisenarten sind die bekanntesten Sklavenhalter die Amazonenameise (*Polyergus rufescens)*, die Braune Raubknotenameise (*Harpagoxenus sublaevis)* und die in unseren Wäldern weitverbreitete Blutrote Raubameise (*Raptiformica sanguinea)*, wobei manche Völker der letztgenannten Art nur zeitweise Sklaven haben.

Eine besonders beeindruckende Sklavenhalterart ist die 6–10 mm große, rotbraune Amazonenameise: Sie nistet bevorzugt in Muschelkalkgebieten – meist unter Steinen oder in niedrigen Erdkuppelbauten im offenen Gelände. Die Koloniegründung wie auch der Sklavenraub erfolgen in Nestern verschiedener Hilfsameisenarten. Diese Sklavenhalterameise ist ohne die Dienstleistungen von Hilfsameisen nicht lebensfähig, da sie zu Brutpflege, Nestbau oder Nahrungsbeschaffung nicht befähigt ist. Der Anteil der Sklaven an der Individuenzahl eines Volkes kann daher einen Wert von 80–90% erreichen.

Die Raubzüge der Amazonenameise gehören zu den faszinierendsten Phänomenen, die man in der heimischen Ameisenwelt beobachten kann. Bis zu 1000 Amazonenarbeiterinnen setzen sich in einer mehrere Meter langen Kolonne in Marsch, wobei das Angriffsziel manchmal mehr als 50 m entfernt ist. Den überfallenen Hilfsameisen gelingt es so gut wie nie, die mit dolchförmigen Mandibeln ausgestatteten Amazonen abzuwehren, sodass diese meist mit zahlreichen erbeuteten Sklavenpuppen und -larven zurückkehren. Die Raubzüge finden in erstaunlicher Häufigkeit statt: bei einem einzigen Nest wurden einmal in einem Zeitraum von 33 Sommertagen 41 Raubzüge gezählt; das stattliche Ergebnis waren rund 40 000 geraubter Hilfsameisenpuppen und -larven!

Der Vollständigkeit halber sei darauf hingewiesen, dass es noch andere Arten des Sozialparasitismus mit Sklavenhaltung gibt, deren Beschreibung hier jedoch ausgeklammert werden soll.

X. Beziehungen zu anderen Organismen

1. Eine Welt voller Feinde

Die bedeutsamsten Feinde der Ameisen sind nach Meinung von Fachleuten die Ameisen selbst (vgl. Kap. IX), doch drohen ihnen auch von vielen anderen Organismen Gefahren.

In unserer heimischen Fauna stellen *verschiedene Vogelarten* den schwärmenden Geschlechtstieren der Ameisen nach oder holen sich – wie dies einige Spechtsarten tun – Arbeiterinnen, Larven und Puppen aus den Nestern. Darüber hinaus gibt es – wenn auch nicht in unseren Breiten – unter den *Säugetieren* einige hochspezialisierte Ameisenfresser (Ameisenigel und -bär, Schuppentiere).

Fressfeinde der Ameisen finden sich auch unter den Gliederfüßlern. Sehr bekannt ist die Larve der Ameisenjungfer, der sog. *Ameisenlöwe (Myrmeleon formicarius)*. Dieser mit langen Saugkiefern ausgestattete Räuber lauert eingegraben in der Erde am Grunde eines Fangtrichters, den er an einer trockenen Stelle in sandigem Boden angelegt hat, auf Ameisen, die in diese Falle geraten.

Andere Feinde aus der Gruppe der Insekten sind bestimmte *Raubwanzen* sowie einige nur 1–3 mm große Brack- und Zehrwespen, deren Larven todbringende Parasiten in Ameisen sind. Nicht zuletzt gibt es unter den Spinnen einige Ameisenspezialisten, die durch Netztyp oder Fangtechnik sehr erfolgreich Ameisen zu erbeuten vermögen.

2. Harmlose und weniger friedliche Untermieter in Ameisennestern

Wie in den Behausungen des Menschen gibt es auch in den Wohnbauten der Ameisen eine Vielzahl harmloser, manchmal aber auch lästiger oder sogar schädlicher „Untermieter" aus der Welt der Gliederfüßler, die dort Nahrung und zusagende Lebensbedingungen finden. Weltweit kennt man inzwischen mindestens 3000 Arten von Mitbewohnern in Ameisennestern – z. B. bestimmte Asseln, Pseudoskorpione, Spinnen, Milben, Urinsekten (Springschwänze, Fischchen), Schaben, Grillen, Käfer (In dieser Gruppe gibt es besonders viele Ameisengäste!), Schmetterlingsraupen und Zweiflügler.

Ameisennester bieten diesen Untermietern offensichtlich ein zusagendes Mikroklima, sie gewähren Schutz vor Feinden und Witterungsunbilden und sie enthalten zahlreiche Nahrungsquellen (Futterabfälle, tote Ameisen, als Nestmaterial eingetragene Vegetabilien, andere Nestbewohner, Pilzfäden, Ameisenbrut usw.). Auch das Erbetteln von Nahrung bei den Ameisen oder das Parasitieren auf den Ameisen ist möglich.

Ein Leben als Untermieter ist allerdings nur solchen Organismen möglich, denen es gelingt, sich vor den Angriffen der Ameisen zu schützen. Dies kann u. a. erreicht werden

- durch den Aufenthalt an weniger belebten Neststellen;
- durch Schutzköcher oder eine den Angriff behindernde Beschaffenheit der Körperdecke ;
- durch Flucht in winzige Spalträume, die den Ameisen unzugänglich sind;
- durch unauffälliges Verhalten;
- durch besänftigende Sekrete usw.

Man kann die Mitbewohner von Ameisennestern grob in drei Gruppen (Synöken, Synechthren und Symphilen) einteilen:

- Als *Synöken* bezeichnet man solche Untermieter, die für die Ameisen weitgehend harmlos sind, da sie sich weder an den Ameisen noch an ihrer Brut vergreifen und zudem meist solche Nahrungsquellen nutzen, die für die Ameisen bedeutungslos sind (Abfälle, verrottendes Nestmaterial, andere Nestbewohner). Sie werden als Mitbewohner des Nestes von den Ameisen meist geduldet und kaum verfolgt.
  Beispiele: die Larven bestimmter Rosenkäfer, das Ameisenfischchen (*Atelura formicaria*), die Ameisenassel (*Platyarthrus hoffmannseggi*), viele Milben sowie eine Reihe von Spinnen, Tausendfüßlern und Urinsekten.
- Wesentlich unangenehmer für die Ameisen sind feindliche Mitbewohner des Nestes, die sog. *Synechthren*; sie haben es auf die Brut der Ameisen abgesehen und vergreifen sich manchmal auch an den erwachsenen Ameisen. Als Beispiel sei die von einem Schutzköcher aus erhärtetem Kot umgebene Larve des Sackkäfers *Clytra quadripunctata* genannt; sie lebt für die Ameisen unangreifbar in *Formica*-Nestern und frisst dort neben allerlei Abfällen auch Ameiseneier und -larven.
- Die dritte Gruppe von Ameisengästen sind die sog. *Symphilen*, zu ihnen gehören Untermieter, die den Ameisen eindeutig Schaden zufügen (z. B. durch Fressen der Brut), aber von den Ameisen nicht nur geduldet, sondern vielfach sogar gepflegt werden. Der Grund für dieses widersinnige Verhalten sind Drüsensekrete der Gäste, die für die Ameisen äußerst attraktiv sind und sie veranlassen, die höchst zweifelhaften

Eindringlinge wohlwollend aufzunehmen und zu behandeln (Beispiel: die Larven des Kurzflügelkäfers *Atemeles pubicollis)*.

3. Plus und Minus: Beziehungen zwischen Ameisen und Pflanzen

Ameisen sind aufgrund ihrer Enzymausstattung nicht in der Lage Zellulose abzubauen; eine direkte Ernährung von Blattmaterial ist ihnen daher verschlossen. Wenn es bei Blattschneiderameisen trotzdem zum *Eintragen von Blattstücken* kommt, so deshalb, weil sie dieses energiereiche Material durch Pilze aufschließen lassen, die ihrerseits den Ameisen als Nahrung dienen (vgl. Kap. IV). Einige Arten von Blattschneiderameisen, insbesondere *Atta sexdens* und *A. cephalotes*, sind die bedeutendsten tierischen Pflanzenschädlinge in ihrem Verbreitungsgebiet. Zur Deckung ihres fast unvorstellbar großen Blattbedarfes dringen sie u. a. in Kaffee- und Citrusplantagen, in Baumwoll-, Wein-, Obst- und andere Kulturen ein und richten dort durch die Entlaubung der Sträucher und Bäume ruinöse Schäden an.

Nachteilige Auswirkungen für den Vermehrungserfolg der davon betroffenen Pflanzen hat auch das *Auffressen von Samenkörnern* durch verschiedene Ameisenarten (Ernteameisen z. B.; vgl. Kap. IV). Sofern der Nahrungserwerb der körnerfressenden Arten in Gebieten mit Getreideanbau erfolgt, können daraus auch Ertragsausfälle für den Menschen entstehen: Ein Volk der im Mittelmeerraum beheimateten Ernteameise *Messor* z. B. trägt pro Tag bis zu 27000 Getreidekörner ein; die dadurch bedingte Minderung des Getreideertrages kann pro Jahr und Hektar 50–100 kg betragen.

Die Verschleppung von Samen an sich ist wegen der damit verbundenen Verbreitung durchaus im Interesse der Pflanzen, allerdings nicht das Auffressen dieser für die Vermehrung so wichtigen Gebilde. Zum Glück für die Pflanzen sind die meisten Ameisenarten keine Körnerfresser; gleichwohl haben viele von ihnen eine angeborene Neigung, Samen als Nestmaterial einzutragen; auf dem Weg zum Nest geht der eine oder andere Samen verloren und kann so an einer Stelle keimen, die ein Stück von der Mutterpflanze entfernt ist. Um die *Verbreitung von Samen durch Ameisen* (= Myrmekochorie) nicht nur dem Zufall zu überlassen, sondern möglichst sicher zu gestalten, greifen viele Pflanzen zu einem Trick: Sie produzieren Samen mit nährstoffreichen Anhängen („Elaiosomen"), die für die Ameisen als Zukost außerordentlich attraktiv sind. Viele Ameisenarten (vor allem aus den Gattungen *Myrmica, Lasius* und *Formica*) transportieren solche Samen zu ihrem Nest; der „Botenlohn", d. h., die Zucker, Eiweiß, Fett und Vitamine enthaltenden Elaiosome werden entweder schon unterwegs oder erst „zu Hause" verzehrt. Der eigentlich wichtige Teil des Samens, aus dem sich die neue Pflanze entwickeln wird, bleibt unversehrt. Er wird entweder unterwegs irgendwo fallen gelassen, oder er keimt im Ameisennest aus oder er wird von den Ameisen als „Abfall" aus dem Nest geschafft und wächst dann in dessen Umgebung zu einer neuen Pflanze heran.

Samen-Verbreitung durch Ameisen findet sich in unserer Region bei einer Reihe von krautigen Pflanzen (u. a. bei Veilchen, Lerchensporn, Günsel, Leberblümchen, Taubnessel, Anemone, Schöllkraut sowie bestimmten Seggen- und Simsenarten); besonders Frühblüher bedienen sich dieser Verbreitungsart. In nordamerikanischen Laubwäldern sind 30-40% der Pflanzen „myrmekochor" – dies beweist die Effektivität dieser Verbreitungsart. Ameisen leisten so einen wichtigen Beitrag zur Erhaltung einer artenreichen Pflanzenwelt, die ihrerseits Voraussetzung für ein großes Artenspektrum an Tieren ist.

Noch in anderer Weise können Ameisen für Pflanzen sehr nützlich sein: durch das *Vertilgen pflanzenfressender Insekten*. Die bekanntesten Schädlingsbekämpfer in unseren Breiten sind ohne Zweifel die Waldameisen, unter denen im Flachland die Kahlrückige Waldameise (*Formica polyctena*) von besonderer Bedeutung ist.

Positiv für die Pflanzenwelt ist auch der *Einfluss der Ameisen auf die Bodenqualität*. Insbesondere Arten, die Erdhügel errichten, schachten bei ihrer Nestbautätigkeit Gänge und Kammern im Boden aus und bringen dabei Erde aus der Tiefe nach oben. Ähnlich wie die Regenwürmer tragen sie so zur Bodenumschichtung und -belüftung bei und erleichtern das Eindringen von Regenwasser. Häufig vermischen sie auch beim Nestbau die Erde mit Vegetabilien und fördern so die Bodenbildung.

Wenn Ameisen ihre *Nester in lebenden Bäumen* anlegen, kann dies die betroffenen Pflanzen schädigen; unsere einheimischen Rossameisen, die ihre ringförmigen Nestkammern in die Stämme von Bäumen nagen, sind dafür ein Beispiel. Anders liegt der Fall bei den sog. *Myrmecophyten*, die geradezu darauf abzielen, Ameisen zu beherbergen. Hier ziehen – wie bereits in Kap. III dargestellt wurde – beide Partner eine Reihe von Vorteilen aus dem Zusammenleben.

Im Zusammenhang mit dem Nestbau sollte nicht vergessen werden, dass viele Ameisenarten *Nestbaumaterial von Pflanzen* beziehen (Waldameisen) oder *tote Pflanzen(teile) als Niststätte* nutzen.

4. Ameisen in der Welt des Menschen

Dort, wo Ameisen in die Welt des Menschen eindringen, werden sie meist als lästig oder sogar schädlich empfunden. Ameisen positiv zu sehen, fällt uns sehr viel schwerer, obgleich sich durchaus eine Reihe von Pluspunkten auflisten lassen, etwa die Vertilgung schädlicher Insekten oder die Förderung der Pflanzenwelt durch Samenverbreitung und durch Bodenverbesserung. All diese Auswirkungen der Ameisen sind jedoch mehr ökologischer Natur und lassen sich hinsichtlich ihres wirtschaftlichen Wertes nur schwer durch einen Geldbetrag ausdrücken.

Für das Negativ-Image der Ameisen lassen sich sehr viel leichter Begründungen finden. Viele Menschen empfinden es z. B. als ausgesprochen lästig, wenn Ameisen durch Undichtigkeiten in der Hausfassade in eine *Wohnung* eindringen und dort nach Nahrungsmitteln, insbesondere solchen mit hohem Zuckergehalt (Honig, Marmelade und dgl.) suchen; sie naschen dabei nicht nur an den Speisevorräten, sondern mindern auch deren Genusswert. Je nachdem, worüber eine Ameise auf ihrem Weg zur Speisekammer gelaufen ist, kann sie in Einzelfällen sogar Krankheitserreger übertragen.

Das letztgenannte Beispiel zeigt bereits, dass die Grenze zwischen „Lästling" und „Schädling" fließend ist: Mehr zum Schädling hin neigen in vielen Fällen Ameisenvölker, die ein Haus nicht nur als Nahrungsrevier sondern auch als Wohnstätte nutzen. In Mitteleuropa tun dies z. B. sehr gerne die „Hausameisen" *Lasius emarginatus* und *L. brunneus,* gelegentlich auch bestimmte Rossameisenarten; diese Arten nagen ihre Nestkammern gerne in Balken oder Zwischenböden, deren Tragfähigkeit dadurch beeinträchtigt werden kann.

Zu den unerfreulichsten Mitbewohnern menschlicher Gebäude zählt die Pharaoameise *Monomorium pharaonis*. Diese zu den Knotenameisen gehörende Art, deren gelbbraune Arbeiterinnen nur 2,2-2,6 mm groß werden, wurde aus dem tropischen Asien nach Europa eingeschleppt und benötigt als Wohnstätte Häuser, in denen es ganzjährig warm ist (Krankenhäuser, aber auch Hotels, Gewächshäuser, Großküchen, Bäckereien und ausreichend beheizte Privathäuser). Da die Pharaoameisen meist an unzugänglichen Stellen, z. B. in feinen Mauerritzen, nisten und zudem ein hohes Vermehrungspotenzial haben – in einem einzigen Volk können bis zu 2000 Königinnen leben –, ist ihre Bekämpfung äußerst schwierig. Ein brisantes Problem stellen in dieser Hinsicht besonders Kliniken dar, von denen bereits 90% durch die Pharaoameisen befallen sein sollen. Hier können die eingeschleppten Lästlinge wegen der Möglichkeit der Übertragung von Krankheitserregern zu ernst zu nehmenden Gesundheitsschädlingen werden.

Wenig gern gesehen sind Ameisen auch *in Gärten:* wegen ihrer Neigung, unter Steinplatten zu nisten und diese dabei zu unterminieren, wegen ihrer Erdhügel auf Rasenflächen, vor allem aber wegen ihrer symbiontischen Beziehungen zu Blatt-, Rinden- und Schildläusen, von denen manche pflanzliche Viruskrankheiten übertragen.

Natürlich gibt es auch Menschen, die fürchten, bei der Gartenarbeit von Ameisen gestochen zu werden. Übertriebene Ängste sind hier unberechtigt, denn unter den Ameisen, die bei uns in Gärten anzutreffen sind, besitzen nur die Knotenameisen einen Stachel. Deren Stich verursacht meist nur ein schwaches, kurzfristiges Brennen der Einstichstelle. In dieser Hinsicht gibt es unter den außereuropäischen Ameisen weitaus unangenehmere Arten. Ein sehr bekanntes Beispiel sind die Feuerameisen, deren Namen schon auf den äußerst schmerzhaften Stich dieser Ameisengruppe hinweist. Besonders bekannt ist die Art *Solenopsis invicta*, die vermutlich Ende der 30er Jahre in die USA eingeschleppt wurde. Die Feuerameisen haben sich in den Südstaaten zunehmend ausgebreitet und stellenweise eine Siedlungsdichte bis zu 120 Völkern/ha erreicht. Die Stiche dieser sehr aggressiven Ameisen machen den Landarbeitern und dem Weidevieh große Probleme; nicht wenige vor dem Eindringen der Feuerameisen genutzte Flächen liegen heute brach, da alle Bekämpfungsaktionen bisher keinen Dauererfolg brachten. Die stechlustigen Einwanderer schaden auch noch auf andere Weise: Ihre zahlreichen Nesthügel behindern den Einsatz von Maschinen bei der Pflege und beim Abernten der landwirtschaftlichen Kulturen, auch verringern die Feuerameisen ernährungsbedingt den Ertrag der Getreidefelder. Insgesamt erreicht der von den Feuerameisen jährlich verursachte Schaden eine Größenordnung von mehreren Millionen Dollar.

Eindeutige Schädlinge aus menschlicher Sicht sind auch – wie bereits dargelegt – die körnerfressenden Ernteameisen, vor allem aber die Blattschneiderameisen. Diese und alle andere oben aufgeführten Beispiele, denen man problemlos weitere hinzufügen könnte, zeigen, dass es an Konflikten zwischen Mensch und Ameisen wahrlich nicht fehlt!

XI. Der Ameisenstaat: ein Erfolgsrezept

„Erfolg" – dieses Wort bedeutet in der Natur vor allem: lebenstüchtiger zu sein als seine Konkurrenten; in der Lage zu sein, die verschiedensten Lebensräume – auch solche mit schwierigen Lebensbedingungen – zu besiedeln; Kopien der eigenen Gene in möglichst großer Zahl an die nächste Generation weiterzugeben usw. Beleuchten wir unter diesem Aspekt die Ameisen: Nicht jede Art ist rundum erfolgreich, sondern immer nur in bestimmten Hinsichten – in diesem Punkt unterscheiden sich Ameisen nicht von anderen Tieren. Betrachten wir die Ameisen jedoch als *Tiergruppe*, so kann man nicht umhin, ihnen einen außerordentlichen Erfolg bei der Besiedlung unserer Erde zu bescheinigen. Obgleich sie nur etwas mehr als 1% der bekannten Insektenarten stellen, ist ihre *Biomasse* unvorstellbar groß und entspricht nach Schätzungen von Experten etwa der aller Menschen zusammen. Zum Vergleich: Um den Autor dieses Buches – einen von über 6 Milliarden Menschen – mit Waldameisen aufzuwiegen, bräuchte man etwa 8 Millionen dieser Insekten. Dies vermittelt vielleicht einen Eindruck von der ungeheuren Zahl an Ameisenindividuen, die es auf unserer Erde gibt.

Beeindruckend sind auch Befunde über die *Artenvielfalt* von Ameisen in Lebensräumen, die für sie besonders geeignet sind. Ameisenforscher zählten im peruanischen Regenwald auf einer 8 ha großen Untersuchungsfläche rund 300, auf einem einzigen Baum 43 Arten (zur Erinnerung: in ganz Deutschland gibt es nur rund 110 Arten!).

Weshalb sind Ameisen so erfolgreich? Die Antwort kann nur lauten: wegen ihres Zusammenlebens in Gemeinschaften und wegen ihrer Fähigkeit zur Kooperation. Die *Vorteile der Staatenbildung* sind vielfältig:

- *Größeres Arbeitspotenzial*: je mehr Helfer zur Verfügung stehen, desto wirkungsvoller können die Nahrungsquellen, die ein Lebensraum bietet, ausgeschöpft und desto besser kann die Brut versorgt werden. Darüber hinaus ist das Vorhandensein vieler Arbeitstiere eine wichtige Voraussetzung für die Anlage großer und komplizierter Nester. Nicht zuletzt ist auch die Regulation des Nestklimas, wie sie bei hoch entwickelten Arten vorkommt, nur durch eine hohe Individuenzahl möglich (z. B. das Aufwärmen des Nestes mit der freigesetzten Stoffwechselwärme).
- *Spezialisierung auf bestimmte Aufgaben und Kooperation:* Beide Gegebenheiten gestalten die Arbeit wirkungsvoller, ökonomischer und ermöglichen zudem Arbeitsleistungen, die ein einzelnes Tier nicht vollbringen kann (z. B. den Transport schwerer Beutetiere).

- *Größere Wehrhaftigkeit*: eine große Zahl von Kriegern kann einen Feind wirkungsvoller abwehren als ein einzelnes Tier, erhöht aber auch die Erfolgsaussichten eines selbst durchgeführten Angriffes.
- *Wirkungsvollerer Schutz der reproduktiven Tiere (Königinnen) und der Brut*: dieser ist z. T. durch die Wehrhaftigkeit der Gemeinschaft bedingt, z. T. aber auch durch die Tatsache, dass Königinnen und Brut von den Arbeiterinnen gepflegt werden und daher im sicheren Innern des Nestes bleiben können.
- *Effektivere Nutzung der Umweltressourcen durch Kommunikation:* die Wahrscheinlichkeit, spärlich vorhandene Nahrungsquellen zu entdecken und auszubeuten, ist erheblich größer, wenn viele Individuen gemeinsam auf Suche gehen und die Information über einen Fund an die weitergeben, die bei ihren Erkundungs-Streifzügen nicht erfolgreich waren.

Die Vorteile des gemeinschaftlichen Lebens kommen natürlich nicht nur den Ameisen, sondern allen staatenbildenden Insekten zugute. Obgleich diese in ihrer Gesamtheit nur rund 2% der Insektenarten stellen, schätzt man ihren Anteil an der tierischen Biomasse auf mehr als 50% – ein beeindruckendes Indiz für den Erfolg dieser Lebensform.

Diese Gegebenheiten werfen natürlich die Frage auf, weshalb bei solch augenfälligen Vorteilen der Staatenbildung 98% der Insekten solitär (d. h. ohne Bindung an eine Gemeinschaft) leben. Offensichtlich gibt es auch gute *Gründe für ein Leben als Einzeltier*; einige bedenkenswerte Aspekte seien hier kurz genannt:

- Einzeltiere können sich – zumindest vorübergehend – an Standorten aufhalten, die nur kurzfristig und möglicherweise nur in geringen Mengen Nahrung bieten. Die Notwendigkeit, gefundene Nahrung mit anderen zu teilen, entfällt. Die solitäre Lebensform erleichtert u. a. das Leben in oder auf einem Wirtsorganismus (Parasitismus).
- Einzeltiere (vor allem geflügelte Individuen) sind wesentlich mobiler als Insektenstaaten; sie können flexibler auf Umwelt-

veränderungen reagieren und leichter als Pioniere neue Lebensräume besiedeln.

- Viele solitäre Insekten weisen eine schnellere Generationenfolge auf als staatenbildende Arten; dies begünstigt die Neukombination von Erbanlagen, die Entstehung von Mutationen und die Bildung neuer, besser angepasster Arten.
- Solitäre Insekten können Verbreitungsweisen (z. B. Verschleppung durch Tiere) nutzen, die staatenbildenden Insekten verschlossen sind.
- Einzeltiere werden weniger leicht durch Krankheiten infiziert oder von Parasiten befallen als sozial lebende Tiere.

Streit darüber, ob die soziale oder solitäre Lebensweise die erfolgreichere ist, erübrigt sich, weil die Antwort auf diese Frage entscheidend davon abhängt, unter welchen Umweltbedingungen eine Insektenart lebt. Fest steht aber eines: Dort, wo der Lebensraum mit seinem Nahrungsangebot, Nistmöglichkeiten, Klimaverhältnissen usw. eine Gemeinschaftsbildung zulässt, sind sozial lebende Tiere ihren solitären Konkurrenten deutlich überlegen. Es gibt wohl keine Tiergruppe, die das in so beeindruckender Weise zeigt wie die Ameisen!

Nachbemerkung und Danksagung

Dieses Buch sollte ein kleiner „Reiseführer“ durch die Welt der Ameisen sein. Aber wie das bei Reiseführern so ist: sie können – um nicht unhandlich zu werden – immer nur auf Sehenswürdigkeiten hinweisen, diese jedoch nie in allen Details erläutern.

Der Zwang zur Beschränkung wurde mir beim Verfassen dieses Bandes sehr leidvoll bewusst: Die überquellende Fülle des Lebens, die uns bei den Ameisen begegnet, in weniger als 130 Taschenbuchseiten pressen zu müssen, war für mich nach einer über 30-jährigen Beschäftigung mit den Ameisen in Forschung und Lehre eine nur schwer lösbare Aufgabe.

Auf Vieles, das ich gerne in dieses Buch eingebracht hätte, musste ich verzichten: auf eine ausführliche Bebilderung (obwohl das Thema des Buches geradezu nach einer solchen „schreit“), auf die detaillierte Beschreibung der Lebensweise einzelner Ameisenarten und auf eine Erwähnung und Würdigung der Menschen, denen wir die in diesem Buch erwähnten Forschungsergebnisse verdanken. Nicht näher eingehen konnte ich auch auf eine Reihe sehr interessanter, aber noch nicht mit letzter Sicherheit beantwortbarer Fragen; als Beispiel sei nur das unter Fachleuten intensiv diskutierte Problem genannt, wie sich der (zunächst widersinnig erscheinende) Verzicht der Ameisenarbeiterinnen auf eine eigene Fortpflanzung aus evolutionsbiologischer Sicht erklären lässt.

Die geforderte Kürze der Darstellung zwang mich zum Setzen von Schwerpunkten. Im Hinblick darauf, dass dieses Buch in erster Linie für Leser gedacht ist, die keine besonderen Vorkenntnisse über Ameisen besitzen, habe ich auf allzu spezielle Details aus dem Leben der Ameisen ebenso verzichtet wie auf die Nennung aller Ausnahmen, die es bei fast jedem Phänomen gibt. Einzelheiten des Körperbaus schienen mir weniger wissenswert und interessant als Fakten über die Umweltbeziehungen und das soziale Verhalten. Da Nichtzoologen dem tierischen Verhalten besonderes Interesse entgegenbringen, hat der Verlag auf diesen Aspekt im Untertitel des Buches *Biologie und Verhalten* besonders hingewiesen; Sprachpuristen mögen dabei großzügig darüber hinwegsehen, dass das Wort *Biologie* (im Sinne von Lebensweise) das Verhalten genau genommen schon einschließt.

Es bedarf keiner näheren Erläuterung, dass das vorliegende Buch bei der vorgegebenen Kürze kein Nachschlagewerk der Ameisenkunde sein kann (und will), sondern nur eine erste und hoffentlich anregende Information für Nichtfachleute. Sollte der eine oder andere Leser nach dieser einführenden Lektüre Lust verspüren, tiefer in die faszinierende Welt der Ameisen einzudringen, sei er auf die weiterführenden Bücher im nachfolgenden Literaturverzeichnis verwiesen.

Am Zustandekommen dieses Taschenbuches haben einige Menschen Anteil, denen ich an dieser Stelle herzlich danken möchte: an erster Stelle meinem langjährigen Freund und hervorragenden Ameisenkenner Prof. Dr. Alfred Buschinger (TU Darmstadt), dessen kritische Durchsicht des Buchmanuskriptes und ergänzende Hinweise für mich sehr hilfreich waren. An zweiter Stelle möchte ich meine Frau erwähnen, die es im Auffinden von Tippfehlern in meinen Texten zu einer unerreichten Meisterschaft gebracht hat. Nicht zuletzt möchte ich mich beim zuständigen Lektor des Verlages C.H. Beck, Herrn Dr. S. Meyer für den reichlich bemessenen Zeitraum bedanken, der mir für das Schreiben dieses Buches zur Verfügung stand.

Literaturhinweise

1. Übersichten (* = Abbildungsnachweise)

Buschinger, A. (1985): *Staatenbildung der Insekten.* Wissenschaftliche Buchgesellschaft, Darmstadt.

Buschinger, A. (1999): *Soziale Insekten.* Aus: Dettner, K., Peters, W. (Hrsg.) (1999): *Lehrbuch der Entomologie.* G. Fischer, Stuttgart–Jena–Lübeck Ulm.(*)

Dumpert, K. (1994): *Das Sozialleben der Ameisen.* Parey, Berlin–Hamburg (*)

Gößwald, K. (1985): *Organisation und Leben der Ameisen.* Wissenschaftliche Verlagsgesellschaft mbH, Stuttgart.

Gößwald, K. (1989): *Die Waldameise.* Bd. 1: *Biologische Grundlagen, Ökologie und Verhalten.* Aula Verlag, Wiesbaden.

Hölldobler, B., Wilson, E. O. (1990): *The Ants.* Springer, Berlin–Heidelberg.(*)
Dieses Werk ist sicher das ausführlichste und am besten illustrierte Ameisenbuch, das in den letzten Jahren erschienen ist – leider nur in englischer Sprache. Weniger ausführlich, aber auch für Nichtfachleute als Lektüre geeignet ist das nachfolgend genannte deutschsprachige Buch der gleichen Autoren.)

Hölldobler, B., Wilson, E. O. (1995): *Ameisen. Die Entdeckung einer faszinierenden Welt.* Birkhäuser, Basel–Boston–Berlin.(*)

Otto, D. (1962): *Die Roten Waldameisen.* Ziemsen, Wittenberg-Lutherstadt. (*)

Otto, D. (1971): *Ameisen – Leben im Tierstaat.* Urania, Leipzig–Jena–Berlin

Schwenke, W. (1996): *Ameisen. Der duftgelenkte Staat.* Landbuch-Verlag, Hannover.

Seifert, B.(1996): *Ameisen beobachten, bestimmen.* Naturbuch Verlag, Augsburg.

Wilson, E. O. (1971): *The Insect Societies.* The Belknap Press of Harvard University, Cambridge, Massachusetts.

2. Abbildungsnachweise

Frisch, K. v. (1974): *Tiere als Baumeister.* Ullstein, Frankfurt/M.–Berlin–Wien.

Gößwald, K. (1954): *Unsere Ameisen I.* Franckh'sche Verlagshandlung, Stuttgart.

Hölldobler, B. (1970): *Chemische Verständigung im Insektenstaat.* Umschau 1970, 663–669.

Schmidt, G. H. (1964): *Aktivitätsphasen bekannter Hormondrüsen während der Metamorphose von Formica polyctena FOERST. (HYM: INS.).* Insectes Sociaux, Paris. XI (1): 41–57.

Register

C.H.BECK **WISSEN**

in der Beck'schen Reihe

Zuletzt erschienen:

2021: Faroqhi, **Geschichte des Osmanischen Reiches**
2046: Schön, **Bakterien**
2055: Gelfert, **Shakespeare**
2074: Funke, **Athen in klassischer Zeit**
2105: Malitz, **Nero**
2118: Reinhardt, **Geschichte Italiens**
2119: Wirsching, **Psychotherapie**
2120: Becher, **Karl der Große**
2121: Linke, **Das Gehirn**
2122: Walther/Walther, **Was ist Licht?**
2123: Ring/Zumbusch, **Neurodermitis**
2124: Hartmann, **Geschichte Frankreichs**
2125: Augustin/Schöpf, **Psoriasis**
2126: Schmidt-Glintzer, **Das neue China**
2128: Röhrich, **Die politischen Systeme der Welt**
2129: Schimmel, **Sufismus**
2130: Schorn-Schütte, **Karl V.**
2131: Hammel-Kiesow, **Die Hanse**
2132: Manthe, **Geschichte des römischen Rechts**
2133: Reinalter, **Die Freimaurer**
2134: Ueding, **Moderne Rhetorik**
2135: Krauss, **Die Engel**
2136: Wolters, **Die Römer in Germanien**
2137: Sautter, **Geschichte Kanadas**
2138: Wuketits, **Evolution**
2139: Tölle, **Depressionen**
2140: Jäger, **Allergien**
2141: Leppin, **Die Kirchenväter und ihre Zeit**
2142: Roloff, **Jesus**
2143: Steinbach, **Geschichte der Türkei**
2144: Bobzin, **Mohammed**
2145: Halm, **Der Islam**
2146: Keller, **Die Ottonen**
2147: Remschmidt, **Autismus**
2148: Matz, **Die 1000 wichtigsten Daten der Weltgeschichte**
2149: Zankl, **Von der Keimzelle zum Individuum**
2150: Sandermann, **Ozon**
2151: Brandt, **Das Ende der Antike**
2152: Kirchner, **Die Ameisen**
2153: Siefarth, **Geschichte der Raumfahrt**
2155: Christ, **Die Römische Kaiserzeit**
2158: Stietencron, **Der Hinduismus**
2160: Levin, **Das Alte Testament**
2161: Limbach, **Das Bundesverfassungsgericht**
2166: Hertel, **Troia**
2200: Mauser, **Beethovens Klaviersonaten**
2205: Scholz, **Bachs Passionen**
2206: Revers, **Mahlers Lieder**